BIBLIOTHÈQUE NATIONALE
R F
[library stamp]

LES
SCIENCES ET LA MÉTHODE
RECONSTRUCTIVES

8° R
13407

BIBLIOTHÈQUE SOCIOLOGIQUE INTERNATIONALE
Publiée sous la direction de M. RENÉ WORMS
Secrétaire-Général de l'Institut International de Sociologie

LIV

LES
SCIENCES ET LA MÉTHODE
RECONSTRUCTIVES

PAR

ANTONIO DELLEPIANE

PROFESSEUR A L'UNIVERSITÉ DE BUENOS-AIRES
MEMBRE DE L'INSTITUT INTERNATIONAL DE SOCIOLOGIE

Traduit de l'espagnol par Émile CHAUFFARD

MEMBRE DE LA SOCIÉTÉ DE SOCIOLOGIE DE PARIS

PARIS (Vᵉ)
M. GIARD & É. BRIÈRE
LIBRAIRES-ÉDITEURS
16, RUE SOUFFLOT, ET 12, RUE TOULLIER

1915

PREMIÈRE LEÇON (1)

OBJET ET PROGRAMME DU COURS

I. — La procédure et la philosophie.

II. — Inconvénients d'une étude exclusivement exégétique de la preuve.

III. — Possibilité et avantages d'une théorie générale des sciences reconstructives.

IV. — Défauts des exposés fragmentaires faits jusqu'à ce jour.

V. — But et utilité du cours.

I. — Il n'y a pas une branche du droit qui ne soit en connexion intime avec la philosophie ; aucune science juridique ne fait exception à cette règle, et la science de la procédure moins que toute autre. La procédure est en rapport avec la philosophie à bien des égards ; et quand il s'agit de la preuve judiciaire, cette anastomose devient particulièrement étroite, au point qu'elle revêt les caractères d'une véritable dépendance. La théorie de la preuve est, peut-on dire, un simple chapitre de la logique appliquée ; et, par conséquent, elle fait intervenir des problèmes de psychologie et même de métaphysique et en exige la connaissance. C'est ce que constatent d'ailleurs tous les auteurs, même ceux qui l'envisagent à un point

(1) Ce livre est la rédaction d'un cours de philosophie de droit professé à l'Université de Buenos-Aires en 1913.

de vue exclusivement juridique, comme Bonnier, dont l'œuvre classique sur ce sujet commence par une introduction où il s'efforce d'établir, suivant ses propres expressions, les bases philosophiques de la preuve judiciaire et fait allusion, très discrètement, il est vrai, à quelques doctrines métaphysiques, afin de donner un fondement solide et rationnel à l'édifice qu'il se propose de construire.

II. — Etant donnée cette dépendance entre les règles juridiques relatives à la preuve, d'une part, et la philosophie en général et la logique appliquée en particulier d'autre part, il est curieux et regrettable d'observer que l'étude des dites règles est faite dans les Facultés de droit à un point de vue juridique et exégétique plutôt que philosophique. C'est ainsi qu'on examine isolément chacun des moyens de preuve (aveu, témoignage, expertise, etc.) ; et l'on détermine les conditions requises pour que chacun d'eux soit par lui-même pleinement probant, sans procéder, avant ou après cette investigation, à une théorie d'ensemble sur la preuve en général.

Or l'étude de la preuve ou plutôt des preuves effectuée de cette façon laisse dans l'esprit des vides lamentables et des confusions inévitables, que l'instinct ou la raison naturelle corrige généralement par la suite, mais au prix de grands efforts et non sans qu'il subsiste beaucoup d'obscurités dans l'entendement. Examiner les preuves en suivant l'ordre du code et non une méthode rigoureuse, scientifique ou didactique, a, en outre, un inconvénient considérable : c'est que l'étudiant n'aperçoit pas ce que seule l'expérience professionnelle lui apprendra plus tard, à savoir qu'il n'est presque jamais possible d'acquérir la certitude par une preuve simple, que, dans la plupart des.

causes, la preuve est composée, est une combinaison de
preuves simples, isolément insuffisantes ; c'est-à-dire
qu'il faut, en dehors de l'étude distincte et détaillée de
chacun des moyens de preuve, une théorie d'ensemble,
relative à la preuve judiciaire ou à la preuve en général,
et que cette étude doit être faite non selon une méthode
strictement juridique et exégétique, mais avec un large
esprit critique, scientifique et philosophique.

III. — En entreprenant ce cours approfondi sur la philosophie de la preuve judiciaire, mon dessein est de réagir
contre cette tendance routinière et nuisible et de me placer
à un point de vue élevé et spéculatif pour élaborer une
théorie générale de la preuve judiciaire, à la lumière de
laquelle il soit ensuite facile et profitable d'examiner les
préceptes légaux qui doivent en être l'expression fidèle.
Tout le monde saisira l'opportunité de ce cours qui vise
à donner une base rationnelle à la loi positive et à en
faciliter l'exacte compréhension et la correcte application.

IV. — Là ne se borne pas mon ambition. Je voudrais
également faire voir que la théorie de la preuve judiciaire
est en étroite relation avec ce qu'on nomme la méthodologie de l'histoire et avec les méthodes de diverses autres
sciences apparentées à celle-là, si bien qu'il est possible
de les comprendre toutes dans une théorie plus vaste,
plus générale et mieux fondée, qui serait la méthodologie
des sciences qu'on peut appeler reconstructives. Je me
propose donc de réunir en un groupe des sciences qui
jusqu'ici se sont développées séparément, de déterminer leurs points de ressemblance, de montrer l'aide
qu'elles peuvent mutuellement se prêter, de rapprocher
les procédés et les précautions que chacune d'elles emploie pour l'acquisition de ses vérités, en un mot, de

confondre en une ample synthèse des méthodes qui, jusqu'à présent, je le répète, ont été séparées, afin d'éclairer et de compléter les unes par les autres.

Critique historique, méthodologie de l'histoire, théorie de la preuve judiciaire, critique de témoignage, preuve par indices, méthode comparative ou des séries en archéologie, en linguistique, etc., tout cela est destiné à se fondre et à trouver sa véritable place, sa signification scientifique réelle, dans une théorie plus compréhensive, rigoureusement logique et exacte, que je vais tenter d'élaborer sous le titre de *méthode reconstructive ou méthodologie des sciences reconstructives.*

V. — Une théorie de ce genre n'a encore été présentée dans aucun traité, du moins sous sa forme complète et générale. Sans doute, a-t-on pu en esquisser des exposés partiels, fragmentaires et insuffisants, à propos d'une classe de faits déterminés, lés faits historiques par exemple. Mais ces exposés pèchent non seulement par la particularité de leur point de vue, qui est déjà un défaut, mais encore, chose plus grave, par leur imprécision logique et le manque de rigueur dans la démonstration de leurs fondements rationnels. Ces inconvénients sautent aux yeux, lorsqu'on met en parallèle les opinions de divers auteurs sur une seule et même question et lorsqu'on observe la divergence de leurs jugements.

Ainsi en ce qui concerne le procédé employé par l'esprit pour atteindre la vérité dans des cas déterminés, lorsqu'il s'agit de preuve par indices, par exemple, on constate une complète anarchie d'opinions : pour les uns, il y a là un procédé inductif, pour d'autres, c'est une déduction ou un raisonnement par analogie, etc. Mettre de ordre dans une matière si importante, concilier des auteurs en désaccord, en montrant qu'aucun n'a tout à fait tort ni aucun tout à fait raison, asseoir sur des bases philosophiques inébranlables la méthodologie d'un groupe de sciences considérables, unifier des doctrines et les réduire à une théorie plus générale, éclaircir des points douteux et compléter la connaissance de certains autres insuffisamment étudiés, remettre quelques disciplines, désorientées quant à la méthode, dans le droit chemin qui les mènera à devenir de véritables sciences, tels sont les désirs qui me poussent à entreprendre ce cours.

Je crois que la tentative est louable, et, si je remplis le programme que je me suis imposé, il me semble que j'aurai fait œuvre utile. Il n'est pas indifférent pour la science que des principes ou des théories analogues demeurent isolés. Le savoir tend à la fusion des connaissances, et je ne crains pas d'affirmer que l'unification est un progrès; c'en est un aussi de voir plus clairement et de posséder plus parfaitement ce qu'on connaissait déjà d'une façon morcelée, mais non pas peut-être d'une façon tout à fait adéquate et satisfaisante.

DEUXIÈME LEÇON

I. — Diverses acceptions du mot preuve dans la science de la procédure.
II. — La preuve au sens le plus large et le plus général.
III. — Concordance de la preuve ainsi entendue avec la preuve judiciaire.
IV. — Nature et fonction de la preuve judiciaire.
V. — Caractère reconstructif de cette preuve.

I. — La première difficulté à laquelle on se heurte en abordant l'étude de la preuve judiciaire vient des différentes acceptions que prend le mot preuve en procédure. On l'emploie tout d'abord au sens de *moyen de preuve*, c'est-à-dire pour désigner les divers éléments de jugement produits par les parties ou recueillis par le juge en vue d'établir l'existence de certains faits relatifs au procès (preuve par témoins, preuve par indices). En second lieu, on entend par preuve le *fait de prouver*, l'acte de faire la preuve, par exemple quand on dit que c'est au demandeur de faire la preuve des faits qu'il affirme (*actor probat actionem*) ; on exige par là que ce soit lui qui fournisse les éléments de jugement ou les moyens indispensables pour déterminer l'exactitude des faits qu'il allègue comme fondement de sa demande, faute de quoi il perdra son procès. Enfin on désigne aussi par le mot preuve le phénomène psychologique, l'état d'esprit déterminé chez le juge par les éléments du jugement en question, autrement dit, la conviction, la *certitude* de l'existence de certains faits sur lesquels doit porter sa sentence.

En ce sens on dira que la preuve est faite ou n'est pas faite. Dire que la preuve n'est pas faite ne veut pas dire qu'il n'existe pas dans le dossier des éléments de jugement accumulés (moyens de preuve, première acception du mot), ni non plus que les parties n'ont pas allégué ces éléments (seconde acception), mais que ceux-ci sont insuffisants pour déterminer la conviction ou, ce qui revient au même, que l'état de conscience appelé certitude n'existe pas chez le magistrat, parce que les éléments de jugement réunis n'ont pas été suffisants pour amener cet état d'esprit.

II. — Au sens commun, preuve est synonyme d'épreuve (1), essai, expérimentation, examen, opérés afin de vérifier la bonté, l'efficacité ou l'exactitude d'une chose, que cette chose soit un objet matériel ou une opération mentale traduite ou non en actes, en résultats. Ainsi on met en marche une machine pour savoir si elle fonctionne bien, si elle réalise son but : c'est confronter, en quelque sorte, la théorie avec la réalité pratique. Si l'on pousse assez loin l'analyse, on découvre au fond de toute preuve l'élément que nous venons d'indiquer : une confrontation. Toute preuve se réduit, en dernier ressort, à une comparaison, à la mise en présence d'une chose ou d'une opération dont on doute avec d'autres choses ou d'autres opérations, afin de s'assurer de la bonté, de l'efficacité ou de l'exactitude de la première. La preuve, la certitude

(1) Le mot espagnol *prueba* a les deux sens (N. D. T.).

résulte de la confirmation, c'est-à-dire de l'accord entre les choses ou les opérations confrontées ; au contraire, l'infirmation, l'invalidation, qui résulte de leur désaccord, est un indice d'erreur ou d'inefficacité, selon les cas.

Nous pourrions citer une multitude d'exemples à l'appui de cette définition. Nous nous bornerons à énoncer quelques spécimens de preuves en divers ordres de choses ou d'opérations. On refait une opération arithmétique, une expérience, un raisonnement : tout cela consiste à confronter avec elles-mêmes ces opérations pour contrôler leur exactitude. Dans d'autres cas on refait l'opération dans de nouvelles conditions, par exemple une addition en sens inverse, une expérience par des procédés différents, ce qui consiste à confronter l'opération avec elle-même réalisée sous une autre forme. Enfin on confronte une opération ou une chose avec d'autres différentes, pour vérifier, comme dans les cas précédents, s'il y a accord, signe d'exactitude, ou désaccord, signe d'inexactitude : ainsi faisons-nous quand, pour nous garder d'une illusion ou d'une hallucination, nous contrôlons les perceptions visuelles par les perceptions tactiles, ou les perceptions par les souvenirs, soit particuliers soit généraux, ou ces souvenirs les uns par les autres, ou une représentation par les principes de la raison, etc.

III. — Dans cette acception complète et absolument générale du mot preuve, les preuves judiciaires ou, du moins, certaines d'entre elles se trouvent évidemment incluses. La preuve, au second sens que nous indiquions plus haut, au sens d'action de prouver, est la confrontation de la version de chacune des parties avec les éléments de jugement que toutes les deux fournissent pour démontrer l'exactitude de leurs dires.

La preuve, au troisième sens, c'est-à-dire la conviction ou la certitude, résultera donc de l'accord entre les affirmations avancées et les éléments ou moyens procurés pour la faire admettre.

IV. — Nous venons d'ébaucher une définition de la preuve judiciaire ; nous allons essayer maintenant d'en préciser plus clairement la véritable nature. Pour cela souvenons-nous que toute décision judiciaire qui termine un litige entre plaideurs, de même que toute sentence qui met fin à un procès criminel, suppose invariablement la détermination préalable de l'existence ou de l'inexistence d'un fait : c'est ce fait sur lequel doit précisément porter l'application de la loi, destinée à rétablir l'équilibre juridique troublé, en donnant à chacun ce qui lui revient, en absolvant ou condamnant. Il arrive parfois, très rarement d'ailleurs, que les parties en conflit s'accordent sur l'exposition des faits et des circonstances qui les amènent devant les tribunaux. La question est dite alors de droit pur. En regard de ces cas exceptionnels on peut citer, d'autre part, des débats judiciaires où le droit a besoin d'être prouvé, c'est-à-dire où se pose la question de fait de l'existence d'une loi ou d'une coutume, existence qui doit être démontrée par les procédés ordinaires de la preuve.

Ainsi se trouve justifiée notre affirmation antérieure, à savoir que tout problème judiciaire repose sur un fait ou sur une série de faits au sujet desquels il y a une divergence entre les parties. Cette divergence rend indispensables de laborieuses recherches et de délicates opérations destinées à établir avec exactitude la réalité des faits passés. Cette investigation et cette détermination exacte des faits sont ce qui constitue la preuve.

V. — Nous avons dit que, sauf dans les questions de droit pur, dont le nombre est très restreint, les parties présentent au juge deux versions différentes du fait ou de la série des faits sur lesquels roule le litige. Chaque partie relate les choses à sa manière, du point de vue qui lui est favorable ; à cet effet elle énonce et met en relief des circonstances déterminées, avance des interprétations, formule des hypothèses explicatives et fournit des preuves destinées à corroborer celles-ci. Les versions différentes ne s'opposent parfois que sur un seul point, sur un seul détail, qui, toutefois, est capital et décisif : par exemple, sur la question de savoir s'il y eut ou non possession de la chose, s'il y eut ou non faute ou imprudence, etc.

Tout l'effort des plaideurs s'applique donc à démontrer l'exactitude de leur affirmation respective et à prouver, si possible, l'inexactitude de l'assertion contraire.

En présence de ces deux versions distinctes, le juge est obligé, soit d'opter pour l'une d'elles, soit de construire une troisième version qui laisse de côté ou qui combine celles des deux adversaires ; et pour cela le juge prend comme base de son opération reconstructive les éléments de jugement ou de preuve apportés par les parties, il les vérifie, les contrôle, apprécie leur valeur et leur poids, les compare entre eux et avec ceux que lui-même a accumulés, les soumet en un mot à diverses opérations critiques, qui le conduisent, à travers une série d'inductions et grâce à une reconstruction des faits du passé, à déterminer ce qu'on appelle le cas *sub judice*. Telle est la première des tâches qui incombent au magistrat ; ensuite seulement il devrait se préoccuper de la seconde, c'est-à-dire de la recherche de la loi qui régit le cas.

TROISIÈME LEÇON

1. — Il serait injuste de dire que cette double tâche du juge ait échappé à la pénétration des auteurs qui ont traité de la procédure. Mittermaier, entre autres, établit péremptoirement que « la sentence a pour base la preuve » et « qu'en toute sentence rendue sur la culpabilité d'un accusé il y a une partie essentielle où le juge décide s'il a été commis un délit, s'il l'a été par l'accusé et quelles circonstances de fait viennent déterminer la pénalité ». Mais ce qu'on peut affirmer, c'est que la généralité, pour ne pas dire la totalité des auteurs, ne mettent pas en relief avec l'insistance qu'il faudrait cette idée : avant de s'occuper

de vérifier quelle est la loi applicable au cas soumis à sa décision — ce qui suppose la connaissance de la dite loi et sa correcte interprétation — le juge doit nécessairement avoir établi le cas *sub judice*, c'est-à-dire avoir reconstruit le fait sur lequel porte le litige ou le procès ; tâche qui exige chez le magistrat une préparation spéciale, entièrement distincte de la préparation juridique, même si les lois de la procédure contiennent, comme c'est le cas, divers préceptes destinés, tantôt à guider le juge, tantôt à lui fixer des règles pour l'œuvre de reconstruction, par exemple les dispositions relatives à l'admission de la preuve par témoins.

II. — Il y a un autre aspect de la preuve que les auteurs de traités de procédure n'ont pas clairement perçu ; ceux qui l'ont soupçonné n'en ont pas su tirer tout le parti possible. Etant donné que prouver un fait, c'est établir son existence, c'est montrer qu'il a existé autrefois ou qu'il existe actuellement, il résulte évidemment de là que cette première tâche du juge se confond, à certains égards, avec celle de l'historien. L'analogie entre la mission de l'historien, et celle du juge, entre la preuve judiciaire et l'histoire réside d'abord dans l'identité des fins, car celleci aussi se propose d'établir des faits passés, de montrer ou d'expliquer comment certaines choses se sont accomplies. Et si les fins sont identiques, les moyens ne le sont pas moins. Le juge comme l'historien emploient, sous des noms distincts, les mêmes procédés pour atteindre leur objet ; ils cherchent les traces et les vestiges laissés par les faits quand ils se sont produits (moyens de preuve, sources de l'histoire) ; enfin ils se conforment aux mêmes lois logiques pour cette reconstruction.

III. — Nous venons de dire que cette parenté de la

preuve judiciaire et de l'histoire a été soupçonnée par divers juristes ou philosophes qui n'ont pas tiré tout le parti possible de cette idée.

Mittermaier, par exemple, écrit : « La vérité historique, objet de nos études (il parle de la preuve en matière criminelle), est celle que nous cherchons à obtenir toutes les fois que nous voulons nous assurer de la réalité de certains événements, de certains faits réalisés dans le temps et dans l'espace ». Et le philosophe Bain observe que la certitude juridique et la certitude historique « ont beaucoup de traits communs » (*Logique*, p. 626). De même la similitude de fins et de moyens entre ces deux disciplines, preuve judiciaire, histoire, et d'autres sciences naturelles ou sociales, a été vaguement entrevue par divers auteurs, notamment par Freeman, qui indique certaines sciences comme spécialement apparentées à l'histoire : par exemple, la géologie et tout le groupe de sciences naturelles qui s'y rapportent. Il est clair, ajoutet-il, « que l'historien travaillera mieux, s'il sait la géologie » (*The methods of historical study*, p. 45).

IV. — Eh bien! un de mes desseins est de transformer ces présomptions en une vérité scientifiquement démontrée et de faire produire à celle-ci tous les résultats qu'elle peut nous fournir au profit de tout ce groupe ou cette famille de sciences qu'on peut, à mon avis, appeler proprement *sciences reconstructives* et au profit de chacune de ces sciences.

V. — De même que le but de l'histoire est de nous faire connaître les hommes ou les sociétés tels qu'ils furent, de les ranimer et les ressusciter en quelque sorte, il y a toute une série de sciences, les unes naturelles, les autres sociales, qui poursuivent un dessein analogue, en ce sens qu'elles prétendent montrer comment certains faits naturels se sont passés ou ce que certains êtres ont été dans le temps. L'objet des sciences physiques, biologiques et sociologiques qui étudient la réalité actuelle est la connaissance des choses, des faits ou des êtres qui nous entourent ; mais cette connaissance même, pour être complète, exige qu'on recherche ce qu'ont été les choses, les faits ou les êtres du passé dont ceux-là dérivent. C'est à quoi s'appliquent les sciences dites reconstructives, qui, on le voit, sont tournées vers le passé, se meuvent dans le passé et ont pour objet cette réalité : les choses, les faits et les êtres qui ont été. Quelles choses, quels faits et quels êtres ? Tous ceux qui peuvent faire l'objet des sciences réelles du présent, astronomie, géographie, anthropologie, zoologie, botanique, linguistique, sociologie, bref de toutes les sciences qui nous font connaître l'univers que nous habitons ou les êtres qui le peuplent.

En étudiant ces choses, ces faits et ces êtres, on veut savoir ce qu'ils furent et pourquoi ils furent ce qu'ils furent, c'est-à-dire les décrire et les expliquer. De ce grand groupe de sciences font partie les disciplines suivantes, les unes déjà constituées, les autres parvenues à un degré plus ou moins avancé de systématisation.

1° Paléoastronomie (?)

2° Géologie et ses deux dérivées, savoir :

3° Paléogéographie et

4° Paléoclimatologie.

5° Paléontologie et ses trois branches déjà différenciées, savoir :

6° Paléozoologie.

7° Paléobotanique et

8° Paléoanthropologie.

9° Morphologie rétrospective (Giard).

10° Palethnologie

11° Préhistoire et proto-histoire

12° Paléoglossologie (linguistique historique, grammaire comparée).

13° Histoire et son dérivé, la théorie de la preuve judiciaire (critologie ?)

VI. — Il faut remarquer que toutes les sciences reconstructives sont susceptibles de se dédoubler en deux parties différentes et que ce dédoublement s'est en fait opéré ; il s'est formé deux sortes de sciences distinctes, les unes abstraites, les autres concrètes. Ainsi il y a une géologie générale ou abstraite et une géologie spéciale ou concrète. La première étudie les phénomènes géologiques d'après leurs caractères communs, en faisant abstraction des circonstances de temps et de lieu ; elle fait, par exemple, la théorie des glaciers ou elle explique d'une façon générale la formation des dunes. La seconde étudie un phénomène géologique déterminé, concret : le ou les glaciers du Mont Blanc, par exemple. Toutes les autres sciences reconstructives sont dans le même cas que la géologie. L'histoire, par exemple, ne fait pas exception à la règle. Ainsi il y a une histoire générale ou abstraite (sociologie rétrospective) et il y a une histoire spéciale, concrète, l'histoire proprement dite, la discipline qui vise à connaître non les sociétés ou général, mais une société donnée, un ordre de phénomènes déterminé, une réalité sociale précise, en d'autres termes, l'histoire, au sens traditionnel et courant du mot.

VII. — Il faut observer que ce dédoublement correspond au double aspect sous lequel on peut considérer la réalité. Celle-ci nous offre, en effet, deux points de vue différents, tous deux intéressants et dignes d'étude. Les choses, les faits et les êtres qui existent ou ont existé sont uniques en un sens, car ils ne se répèteront jamais dans des conditions identiques de temps, de lieu et de circonstances; mais en un autre sens ils sont sujets à *répétition*, car ils sont susceptibles de se reproduire dans la réalité et de se présenter à l'observateur dans des conditions parfois identiques, réserve faite du temps et du lieu, parfois presque identiques ou avec des différences si minimes qu'elles ne méritent pas d'être prises en considération.

VIII. — Après avoir déterminé la matière des sciences reconstructives, c'est-à-dire l'objet qu'elles étudient, il convient de s'occuper de leur forme, autrement dit, des opérations mentales et des procédés logiques au moyen desquels elles se constituent et atteignent leur objet. Cela équivaut à exposer la méthodologie des sciences reconstructives, thème que nous aborderons d'ici peu. Auparavant nous allons indiquer quelques autres traits caractéristiques des sciences qui font partie de ce groupe.

Toutes les sciences reconstructives supposent d'abord la connaissance du présent. Comment pourrait-on savoir ce que furent les choses, les faits ou les êtres du passé, si l'on n'avait aucune idée des choses, des faits ou des êtres actuels qui leur ressemblent et souvent les continuent ? Ainsi la reconstruction géologique repose sur un postulat, à savoir que les phénomènes survenus dans l'écorce terrestre aux époques antérieures furent analogues à ceux qui s'accomplissent sous nos yeux. De même la reconstruction historique est basée sur un autre postulat, relativement exact, comme le précédent, à savoir que les hommes du passé ont été doués d'une constitution psychique semblable à celle des hommes d'aujourd'hui, et que, par conséquent, les actes humains et les faits sociaux du passé peuvent être reconstitués à la lumière des faits et des actes du présent.

Les sciences reconstructives sont ainsi, en un certain sens, des sciences dérivées, et elles sont, en outre, des sciences cruciales, pourrait-on dire, car elles sont situées au croisement de diverses sciences. On peut ajouter ceci : plus les sciences fondamentales seront parvenues à des connaissances étendues et variées, plus les sciences reconstructives seront fertiles et fécondes en points de vue, en interprétations, en hypothèses et théories.

Toutes les sciences reconstructives, exception faite de l'histoire, qui, soit dit en passant, entre seulement de nos jours dans sa période vraiment scientifique, sont d'origine récente. C'est que toutes elles exigent, comme nous le disions, la connaissance de l'actuel, laquelle est fournie par les diverses sciences qui étudient la réalité présente. Pour prouver qu'il en est bien ainsi, il suffit de rappeler les interprétations et les explications extravagantes auxquelles ont donné lieu jadis les haches de pierre de l'homme primitif ou les débris de squelettes des animaux disparus. On sait que les premières furent appelées céraunies ou pierres de foudre, parce qu'on croyait qu'elles étaient effectivement des produits de la foudre qui les introduisait dans le sous-sol. Quant aux os fossiles provenant des grands animaux des anciennes époques géologiques, on crut qu'ils avaient appartenu aux géants ou aux êtres monstrueux dont parlent les fables et les légendes de l'antiquité classique. Les progrès de la zoologie, de la morphologie comparée firent abandonner ces opinions absurdes en montrant quelle était la véritable nature de ces objets.

Ce service rendu par les sciences réelles du présent à celles du passé est amplement rémunéré par ces dernières. S'il est certain que l'actuel aide à connaître le passé, il ne l'est pas moins que la connaissance du passé contribue puissamment à une connaissance plus exacte de l'actuel. C'est ainsi que la zoologie et la botanique ont été, dans ces derniers temps, complètement transformées par l'application qui leur a été faite de l'hypothèse évolutionniste, dont l'idée est née précisément dans la sphère des sciences reconstructives correspondantes ; paléozoologie et paléobotanique. Et ce nouveau point de vue a servi à modifier des notions et des théories que l'on considérait jusqu'à un certain point comme définitives ; ainsi, le concept de l'immutabilité des espèces et les classifications botaniques et zoologiques.

Les sciences reconstructives, outre leur qualificatif de cruciales, pourraient être appelées documentaires, puisqu'elles supposent toutes la possession ou la connaissance de résidus, de traces et de vestiges laissés par les choses, les faits ou les êtres du passé : ce sont là des *documents*, en sens large du mot, documents sans lesquels il nous serait absolument impossible de remonter le cours du temps, de reconstruire les choses, les faits ou les êtres antérieurs au moment actuel.

QUATRIÈME LEÇON

I. — Caractère de l'opération reconstructive.
II. — Fonction de l'imagination dans les sciences reconstructives.
III. — Nature de la méthode reconstructive d'après les divers auteurs.
IV. — Modalités de son emploi.
V. — Véritable nature de la méthode reconstructive.
VI. — Processus des opérations reconstructives.

I. — Nous avons parlé, à diverses reprises, de reconstruction, et l'emploi de ce mot pourrait peut-être induire en erreur : c'est pourquoi il convient de le préciser. Quand nous parlons de reconstruction, il doit être entendu qu'il ne s'agit pas d'une action ou d'une opération proprement matérielle, mais idéale ou mentale, tout au moins, figurée.

Il est vrai que le paléontologue utilise souvent divers morceaux d'animaux analogues, en les complétant les uns par les autres, pour former le squelette entier de l'être en question. Mais on remarquera que cette reconstitution n'a pas précisément pour but de faire revivre l'animal susdit. C'est une reconstruction figurée ou plastique, qui vise à nous donner une idée claire et exacte de l'animal ou,

pour mieux dire, de l'espèce à laquelle celui-ci appartenait ; cette reconstitution idéale consiste en une description, une énumération de caractères, une évocation
d'images mentales ou représentations, et elle se complète
par le classement de l'être, par la détermination de ses
relations de parenté avec les êtres passés ou actuels.

Ainsi la paléontologie peut être définie l'évocation des
faunes et des flores d'autrefois ; ainsi encore l'histoire
peut être définie l'évocation exacte des actes humains accomplis. En ce sens Lanson écrit que : « l'objet de l'histoire est le passé, un passé dont il ne subsiste que des
indices ou des vestiges à l'aide desquels on en reconstruit
l'idée ».

II. — De même que la perception est « une hallucination vraie », suivant la formule de Taine (qui est plutôt
une belle métaphore qu'une définition), de même l'histoire
et, par conséquent, les cas judiciaires sont des fictions,
des fantaisies, des romans vrais, dans la composition ou
l'élaboration desquels l'imagination inventive joue un
grand rôle. L'exercice de cette fonction psychologique
dans les sciences consiste à suggérer des hypothèses qui
préludent à des découvertes ; dans les arts il consiste à
créer des fictions, à construire avec des éléments em-
pruntés à la réalité un monde idéal qui n'existe pas dans
la nature, qui n'a qu'une vie spirituelle. Dans l'art la fiction ne correspond pas exactement à une réalité concrète
dont elle serait une simple reproduction, car l'art appelé
naturaliste lui-même invente ses types et ses événements ;
il imite et interprète, il ne copie pas servilement. Dans
l'histoire la fiction est ou du moins aspire à être une
copie, un double de la réalité. Avec les éléments fournis
par les documents, avec les images partielles suggérées

par ces derniers, l'historien construit une fiction vraie, une
fiction qui correspond à une réalité concrète, réalité qui a
existé, qui a été donnée dans certaines conditions, dans
l'espace et dans le temps. Et cette fiction, contrairement à
la fiction artistique, n'a pas le droit de déformer en aucune façon la réalité, de lui ajouter ou d'en retirer quoi
que ce soit. L'art répond à un impérieux besoin de l'hu-
manité, celui d'oublier par moments une réalité imparfaite, de s'émanciper de la tyrannie d'un monde plein de
laideurs et d'entraves, de s'élever au-dessus de notre vie
ordinaire, de se récréer par le spectacle d'un univers plus
beau que celui où nous nous mouvons. L'histoire répond
à un autre de nos besoins, non moins péremptoire, celui
de savoir, celui de connaître exactement cette réalité telle
qu'elle a existé.

III. — Toutes les sciences reconstructives ont recours à
la même méthode pour établir les vérités qui les concer-
nent; toutes elles s'efforcent d'aller des traces laissées par
les choses, les faits ou les êtres disparus à ces choses, ces
faits ou ces êtres eux-mêmes. Nonobstant cette identité de
procédés, on observe une certaine anarchie d'opinions
parmi les adeptes de ces sciences qui se sont occupés, au
point de vue théorique, de la méthode de la science à laquelle ils s'adonnaient. Il est évident qu'au fond ils tendent tous à s'accorder, de sorte qu'une conciliation générale de leurs opinions n'est pas une entreprise impossible.
A propos de la science cultivée par lui, la paléobotanique,
Zeiller parle de méthode comparative, tandis que, traitant
de l'archéologie, Salomon Reinach indique comme méthode propre de cette science ce qu'il appelle la méthode
des séries. Sur certains points, en revanche, on constate
entre les auteurs une pleine conformité d'idées. Ainsi il

est général parmi eux de reconnaître que la science dont
ils s'occupent suppose et requiert l'aide de diverses autres
sciences, que ses problèmes sont complexes et, comme
tels, exigent la coopération et les éclaircissements de
plusieurs disciplines fondamentales, parfois assez peu
connexes et analogues entre elles. Salomon Reinach écrit
en ce sens que l'archéologie a besoin du concours de la
géologie, de la paléontologie, de la minéralogie, de la
chimie, de l'architecture, du génie civil, de l'histoire, de
la mythologie, etc.

IV. — Établir que toutes les sciences reconstructives
emploient la même méthode, méthode que je me permets
d'appeler reconstructive, n'empêche pas de reconnaître
que chacune d'elles fait usage de procédés, de moyens et
d'artifices propres, c'est-à-dire qu'elle applique la méthode reconstructive à sa manière et suit sa marche particulière. Lanson fait remarquer très justement que, si
l'histoire littéraire emploie la méthode historique, la
différence de sujets entre l'histoire littéraire et l'histoire
générale se traduit par des différences de méthode qui
ne laissent pas d'avoir une certaine importance. Et le
même auteur observe judicieusement : « Il n'existe pas
de méthodes passe-partout ; étant donnés certains principes
généraux, chaque problème spécial ne se résout bien que
par une méthode construite spécialement pour lui, adaptée
à la nature de ses données et de ses difficultés. Il n'est
pas jusqu'aux problèmes qui ne se posent pas d'eux-
mêmes ; l'idée de la question exige fréquemment autant
de génie que l'idée de la réponse ».

V. — Quelle est la véritable nature de la méthode reconstructive ? Je dirai d'abord qu'à mon avis c'est une
méthode composée qui, à l'instar de la méthode statis-

tique, utilise et combine divers procédés logiques, pour ne pas dire tous les procédés logiques connus. Le point de départ est l'observation non pas précisément des choses, des faits ou des êtres qui doivent être reconstruits, car il est rare qu'on puisse les observer directement, mais l'observation des traces, des vestiges, des effets qu'ils ont laissés. Dire que le reconstructeur emploie l'observation, cela veut donc dire qu'il se soumet aux règles de celle-ci, qu'il ne recueille pas mécaniquement et ne prend pas en considération n'importe quel document, et que, comme il lui est interdit d'expérimenter, il supplée à cette faculté par l'observation comparative des divers cas que lui présente la réalité ; dans cette tâche plusieurs qualités jouent un grand rôle et coopèrent utilement : la sagacité, l'intuition scientifique, une vaste érudition, l'art de trouver abondamment des relations entre les choses, une grande patience pour accumuler et vérifier des preuves.

VI. — La méthode reconstructive est composée, avons-nous dit ; on peut ajouter qu'elle n'est pas sans une certaine analogie avec la méthode que les logiciens et les psychologues ont étudiée sous le nom de méthode déductive de composition ou de construction, procédé grâce auquel on parvient, dans le cas où les effets et les causes sont composés, à déterminer quelles causes ont pu produire cet effet complexe. On peut, à ce propos, consulter Taine (*De l'Intelligence*, I, 321), Bain (*Logique*, II, 149), Mill (*Logique*, I, 520). Le processus de la reconstruction comprend, selon moi, les opérations suivantes :

1° Recherche des traces.

2° Récollection des traces, directement ou à l'aide d'experts ou par l'inspection *in situ*.

3° Conservation des traces.

4° Description et représentation figurée de celles-ci.

5° Description du lieu et reproduction figurée, au moyen de la photographie, etc.

6° Observation et étude des traces, directement ou à l'aide d'experts *ad hoc*.

7° Formation d'inférences et d'hypothèses fondées sur les traces recueillies.

8° Critique de ces inductions et hypothèses, afin d'en établir la valeur.

9° Comparaison et combinaison d'inférences en vue de rechercher l'accord ou le désaccord des faits (application du principe de confirmation).

10° Exclusion d'hypothèses contradictoires (de l'intervention du hasard, de la falsification des preuves, etc.),

CINQUIEME LEÇON

LA PREUVE ET LA VÉRITÉ

I. — Nous avons été amenés précédemment à conclure
que la preuve judiciaire implique, dans une certaine mesure, une confrontation ou vérification : la confrontation
ou vérification des dires de chaque partie par rapport aux
éléments de jugement fournis par elle ou la partie adverse
ou recueillis par le juge, afin d'accréditer ou d'invalider
ces dires.

Nous venons de présenter une seconde conception de la
preuve, à savoir qu'elle consiste dans la vérification de
l'existence de certains faits au moyen d'une méthode que
nous avons appelée reconstructive, parce que cette méthode tend à reconstruire des choses, des faits ou des
êtres du passé ; la théorie de la preuve judiciaire ou mé-

thodologie judiciaire ou logique des preuves (Framarino) ou critique judiciaire (Ellero) ne serait qu'un cas particulier de cette méthode.

D'après ces considérations, la preuve judiciaire serait proprement un procédé d'investigation ou détermination des faits. Le moment est venu d'envisager le phénomène sous un troisième aspect : nous allons voir que la preuve a pour objectif la vérité ou tout au moins une certaine sorte de vérité, quand il s'agit des jugements. Cette démonstration faite, nous montrerons que ces trois aspects, loin d'être antagoniques et de s'exclure, sont, au contraire, harmoniques et peuvent être conciliés, car ils correspondent aux divers points de vue auxquels on peut se placer pour contempler une question identique.

II. — Nous avons constaté que tout jugement, de quelque nature qu'il soit, réclame de la part du magistrat deux opérations différentes consécutives l'une à l'autre. La première consiste à établir les faits passés, à reconnaître comment ils se sont accomplis, à déterminer le cas *sub judice*. La seconde, c'est de trouver quelle est la loi qui régit un cas, quelles sont les dispositions légales qui dénouent le nœud de la question, qui donnent raison à l'un et tort à l'autre.

Eh bien ! l'une comme l'autre opération se réduisent, en dernière analyse, à la recherche de la vérité, de sorte qu'on peut dire avec exactitude que toute sentence, pour être tenue pour juste, doit être l'expression fidèle de la vérité, que dans un arrêt vérité et justice se confondent, ce qui justifie ces mots par lesquels débute le classique traité de Bonnier sur les preuves. « La science du droit et, par conséquent, le juge se proposent, dans la sphère qui leur est assignée, la découverte de la vérité. »

III. — Qu'est-ce que la vérité ? qu'est-ce que les diverses sortes de vérités auxquelles on donne couramment le titre de vérités transcendante, métaphysique, logique, rationnelle, physique, empirique, historique, etc. ?

Sont-elles toutes réductibles à l'unité, de telle façon qu'on puisse concevoir l'idée générale de la vérité ? L'homme peut-il arriver à connaître la vérité ? Quelle sorte de vérité est accessible à l'intelligence humaine et par quel moyen l'homme peut-il s'assurer la possession de la vérité qu'il lui est loisible d'atteindre ? Ce sont là autant de questions de haute psychologique et de profonde métaphysique, que nous ne pouvons examiner à fond, car il faudrait pour cela faire un cours complet relatif à ces sciences. Nous devrons donc nous contenter d'établir, à titre de postulats, quelques définitions et quelques propositions nécessaires à notre objet et qui peuvent être admises sous aucune difficulté.

IV. — Laissons donc de côté toute discussion d'ordre métaphysique ou psychologique qui pourrait embarrasser notre marche, et commençons par donner une idée simple et sommaire de la vérité. C'est ce que Faguet a essayé de faire dernièrement dans ses *Dix commandements* : « La vérité, écrit-il, est ce que l'homme croit être le réel, croit être ce qui est, soit comme fait, soit comme idée ».

Et, pour éclaircir sa notion, il donne l'exemple suivant :

« Je vous dis qu'il est midi. Je suis dans la vérité si je crois... qu'il s'est passé une heure depuis qu'onze heures ont sonné. » Empressons-nous de rectifier la défectueuse définition du célèbre écrivain, critique et moraliste. Ce que Faguet définit dans les termes ci-dessus, ce n'est pas la vérité, mais la certitude, autrement dit, la croyance à son degré le plus élevé, la croyance dans sa plénitude et

sa perfection, c'est-à-dire un état psychologique caracté-
risé par l'adhésion ferme et sans le moindre doute à ce
que l'on connaît, ou, pour employer les expressions de
Faguet, à ce qui est, soit comme fait, soit comme idée.

Mais la vérité est une chose et la certitude en est une
autre, bien distincte, si distincte qu'il y a des cas où,
celle-ci existant, celle-là fait défaut : il y a des certitudes
illégitimes.

Que de fois nous sommes fermement persuadés de
nous trouver en possession de la vérité, alors qu'en
réalité nous sommes victimes d'une évidence illusoire !
Que de fois nous adhérons sans l'ombre de doute à un
fait ou 'à une idée dont nous reconnaissons ensuite la
fausseté ! La vérité, dans la chose, est la chose même :
verum est id quod est, disait Saint Augustin. La vérité,
dans notre esprit, est une relation, relation d'identité,
d'adéquation ou d'accord entre notre pensée et les choses
qui sont l'objet de notre pensée. La vérité est l'accord de
la pensée avec son objet : *adequatio mentis et rei*, di-
saient les Scholastiques.

V. — Prenons, pour éclaircir les idées, l'exemple même
de Faguet : je ne serais pas dans le vrai, tout en étant fortement convaincu qu'il est midi, si à ce moment-là il
s'était déjà écoulé une heure depuis le passage du soleil
par le méridien du lieu. Il y aurait certitude, et pourtant
il n'y aurait pas vérité.

On serait, au contraire, dans le vrai, s'il y avait accord
entre la pensée et la réalité, si, quand je crois qu'il est
midi, je pouvais prouver qu'à ce moment le soleil tra-
verse le méridien du lieu et si les chronomètres corrobo-
raient mon opinion en marquant exactement cette heure.

VI. — De ce qui précède on déduit facilement qu'il y a

deux sortes ou deux formes de vérité dans les litiges : vérité quant aux faits, vérité quant au droit.

Il y a vérité quant aux faits, lorsque l'idée que s'en forme le juge concorde en tout avec la réalité, lorsqu'il se les imagine tels qu'ils furent ou tels qu'ils sont. Il y a vérité quant au droit, lorsque l'idée qu'a le juge de la loi applicable au cas correspond à la réalité, c'est-à-dire à la pensée du législateur, au sens du texte légal, ou, en d'autres termes, quand le juge a trouvé le texte qui règle le cas *sub judice* et quand l'interprétation de ce texte est exactement celle qu'en donnerait son auteur.

VII. — Nous venons de dire qu'il y a vérité quant aux faits, toutes les fois que l'idée que le juge se fait de ceux-ci coïncide exactement avec la réalité.

Pour que ce phénomène se produise, on comprend qu'il faut que le juge jouisse d'une complète liberté pour aller vers la vérité ; il ne faut pas que la loi impose à la conscience des magistrats des règles impératives qui les forcent à tenir pour vrai ce qu'ils ne sentent pas ou ne croient pas être tel.

Il semblera peut-être étrange que nous admettions la possibilité de cette attitude de la part du législateur. Non seulement l'hypothèse est possible, mais elle s'est réalisée à des époques antérieures, sous le nom de système des preuves légales ou de la vérité formelle. D'après ce système, la loi soumet la preuve à certaines conditions considérées comme nécessaires pour déterminer la certitude, de sorte que, quand ces conditions sont données, le juge est forcé d'admettre comme vrai ce qui, aux termes de la loi, se trouve ainsi démontré.

Le système des preuves légales, qui a pour caractéristique, on le voit, d'entraver la conscience du juge, a régné souverainement dans la législation de tous les pays pendant une longue période, et il constitue une phase intéressante de l'évolution de la science de la procédure.

Vers la fin du XVIIIe siècle le système est à son apogée. Miné alors par la critique philosophique, il commence bientôt à tomber en décadence, en matière criminelle par l'institution du jury, en matière commerciale par l'introduction du principe de la liberté de la preuve.

VIII. — La tendance naturelle, dans toutes les législations, est orientée dans le sens de la liberté à laisser au juge pour l'appréciation de la valeur ou de la force de la preuve. Il y a des gens qui croient que cette liberté doit être absolue. En ceci comme en toute chose, la prudence et la sagesse se trouvent, sans doute, dans un moyen terme raisonnable. Entre la conscience du juge étouffée sous une multitude de règles dont plusieurs sont d'un résultat douteux et cette même conscience absolument livrée à sa propre inspiration et à son propre jugement, il y a évidemment un juste milieu raisonnable, qui consiste à édicter certains principes universellement acceptés à cause de leur fixité et de la possibilité de les démontrer scientifiquement, tout en laissant en définitive au magistrat le droit de se former sa propre conviction. Quoi qu'il en soit, qu'on adopte l'une ou l'autre théorie, cet exposé montre l'incontestable importance d'une étude philosophique de la preuve destinée à éclairer la conscience du juge, afin que, sur des points aussi délicats, son esprit ne puisse être en proie à l'hésitation et au doute et que ses sentences présentent une exactitude rigoureuse.

SIXIÈME LEÇON

I. — Divers aspects de la preuve ; leur conciliation.
II. — Méthode et vérité ; preuve et vérité ; méthode et preuve.
III. — La preuve au civil et au criminel.
IV. — Point de vue auquel il faut se placer pour exposer la
théorie de la preuve.

. I. — Nous avons pris un peu plus haut l'engagement
de relier et concilier entre eux les divers points de vue
sous lesquels peut être considérée la preuve. Afin de tenir
cette promesse, nous allons montrer que les concepts de
méthode, de vérité et de preuve sont corrélatifs.

II. — La méthode et la vérité sont en relation, en ce
sens que la première n'est que le moyen de trouver la
seconde. La preuve et la vérité ont également entre elles
une connexion telle qu'on pourrait dire qu'il n'y a pas de
vérité sans preuve, puisque la preuve est la pierre de
touche, le moyen d'accréditer, d'établir l'évidence indis-
cutable de la vérité, de *vérifier* (*verum*) la vérité trouvée,
de s'assurer de son exactitude, de sa *certitude* (*certus*)
légitime. Toute vérité doit résister à l'épreuve du doute,
et en sortir triomphante grâce à la preuve dont on peut
dire qu'elle est fille du doute et mère de la vérité. Et si

l'on objectait qu'il y a des vérités impossibles à prouver, à démontrer, comme les premiers principes, les postulats de la raison, nous pourrions répondre que la preuve s'en trouve dans la répugnance invincible de l'esprit à les nier et dans la vérification ou contre-épreuve qu'ils reçoivent constamment de l'expérience : on est tenté de penser que c'est la réalité même qui les impose, que ces principes sont la vérité même réflétée ou incarnée, pour ainsi dire, dans la pensée de l'homme.

Et si la méthode et la preuve sont toutes deux corrélatives de la vérité, il n'est pas moins certain qu'elles sont corrélatives entre elles ; et nous aurions même le droit d'ajouter que l'étude de la preuve fait partie de la théorie de la méthode, dont elle est comme le point culminant. En effet, à quoi bon chercher des vérités pour n'en être pas absolument certains, pour ne pas y avoir une absolue confiance ? Et n'est-ce pas précisément la preuve qui nous donne les moyens et nous met en état de parvenir à la conviction nécessaire ? Il n'y a donc ni méthode ni vérité sans preuve. C'est pourquoi les expressions : science de la vérité, science de la preuve, science des conditions de la vérité, science des conditions de l'évidence probante, sont toutes équivalentes et ont toutes été proposées et employées pour définir et préciser l'objet d'une seule et même discipline scientifique : la logique.

III. — Revenons maintenant à la tâche du juge en récapitulant ce que nous venons d'exposer, et répétons que sa mission est d'arriver à la vérité : vérité quant au fait, vérité quant au droit. Pour découvrir la vérité quant aux faits, le juge en matière civile se voit généralement dans la nécessité de choisir entre les deux versions distinctes et opposées que lui présentent les parties, et à cet effet il est obligé de vérifier ou de confronter leurs preuves et leurs affirmations. En matière civile l'attitude du juge est, jusqu'à un certain point, passive, et la preuve revêt alors le caractère d'une confrontation, au sens propre et matériel du mot. En matière criminelle on répartit habituellement les deux tâches du juge à deux fonctionnaires différents, afin d'avoir plus de garanties d'exactitude et de justice dans la solution du procès. On nomme donc des juges du fait (juge d'instruction, jurés) et des juges du droit ou magistrats chargés de la sentence. Eh bien ! le fonctionnaire à qui, en matière criminelle, il incombe d'établir les faits (juge d'instruction) ne reste pas passif, comme le juge d'une affaire civile. Sa fonction est active : ne se trouvant pas en face de vérités toute faites, d'événements qui lui sont fournis reconstitués par les parties, il est obligé à chercher par lui-même la vérité : c'est ce qui fait l'objet de l'enquête, de l'instruction. Et c'est seulement quand le juge d'instruction pensera avoir découvert la vérité qu'il sera indispensable de vérifier, ce qui est plutôt le rôle de la Cour de cassation. De tout cela il résulte que la théorie de la preuve en matière criminelle, a, dans une certaine mesure, le caractère d'une application de la théorie méthodologique, car la preuve, dans la première partie du procès criminel, dans l'instruction, est quelque chose comme la méthode pour arriver à la vérité au sujet des faits délictueux.

IV. — Auquel de ces deux points de vue convient-il de se placer pour exposer philosophiquement la théorie de la preuve judiciaire ? Au point de vue du juge civil dont l'attitude est passive et pour qui la preuve est surtout une confrontation, ou au point de vue du juge d'instruction criminelle, dont le pouvoir d'initiative est pour ainsi dire illimité et dont la fonction se confond avec l'investigation scientifique ou historique ou avec une discipline reconstructive quelconque, car elle consiste à chercher et recueillir des traces, des documents, pour établir, grâce à eux, l'existence des faits périmés dont il vérifiera la réalité en confrontant ses hypothèses avec les éléments de jugement qu'il aura réunis?

A mon avis ce dernier cas comprend intégralement le premier et, par conséquent, il est de tout point préférable de s'y placer pour procéder à une étude comme celle que nous entreprenons.

SEPTIÈME LEÇON

I. — Question préalable de la possibilité des faits. Diverses sortes de possibilité.
II. — Le coefficient de possibilité d'existence. Sa valeur variable.
III. — Degrés de la croyance en rapport avec la valeur de ce coefficient.
IV. — Fondement mathématique de la croyance. Traduction de la formule.
V. — La vraisemblance, critérium de la preuve. Raison du fait.
VI. — Nature de la vraisemblance.

I. — Avant de chercher à déterminer l'existence d'un fait actuel ou passé, il faut s'interroger sur la possibilité ou l'impossibilité de ce fait. Incontestablement on doit tenir ce problème pour résolu, du moment qu'on aborde l'autre, car il serait oiseux et même absurde de rechercher si un fait existe ou a existé, lorsqu'on sait d'avance que le dit fait est impossible.

La possibilité ou l'impossibilité d'un fait peut être de diverses sortes : métaphysique — physique ou naturelle — ordinaire ou commune. L'impossibilité métaphysique repose sur la contradiction. C'est celle d'un fait auquel le principe de contradiction s'oppose, tel que la partie plus grande que le tout. L'impossibilité physique dérive des lois constantes et inflexibles de la nature. C'est l'impossibilité d'un fait qui contredirait une loi universelle, comme la loi que les morts ne ressuscitent pas. L'impossibilité ordinaire est fondée sur le cours ordinaire et régulier des choses, dont les lois ne sont que d'une constance et d'une généralité relative : ainsi, selon qu'il s'agit d'une loi plus ou moins constante et générale, la possibilité ou l'impossibilité du fait ou, pour mieux dire, la possibilité ou l'impossibilité de son existence augmente ou diminue.

II. — De ce que nous venons d'exposer il ressort clairement que, avant toute tentative de preuve et par sa nature même, pourrait-on dire, chaque fait porte en lui ou avec lui un coefficient de possibilité d'existence. C'est ce qu'un géomètre, Poisson, qui a fait des recherches sur la probabilité des jugements, appelait : « la possibilité de la vérité du fait avant qu'il soit attesté par un témoin ». La valeur du coefficient de possibilité en question oscille entre zéro et l'infini. Elle est minimum, lorsque l'existence du fait implique une impossibilité métaphysique ; elle est maximum, lorsque cette existence est nécessaire.

III. — Entre ces limites le coefficient se gradue comme l'indique l'échelle du tableau suivant, où l'on trouve notés, en outre, les degrés de la croyance par rapport à chaque espèce de faits :

Nature du fait	Tendance à l'existence ou à la non-existence	Valeur du coefficient d'existence	Degrés de la croyance
Absurde..............		$e = 0$	certitude (—)
Impossible............		$e = \frac{1}{\infty}$	
Invraisemblable........	↑	$e = \frac{1}{p^n}$	opinion (—)
Improbable............	—	$e = \frac{1}{p}$	
Douteux..............		$e = 1$	doute
Probable	+	$e = p$	opinion (+)
Vraisemblable..........		$e = p^n$	
Nécessaire............	↓	$e = \infty$	certitude (+)

IV. — La croyance au sujet de l'existence d'un fait est
ainsi fonction de deux variables, dirait un mathématicien :
du coefficient de possibilité d'existence et de la valeur de
la preuve. La croyance croît ou décroît selon l'importance de ces deux facteurs qui parfois s'additionnent,
parfois se détruisent partiellement ou totalement. Si l'on
appelle C la croyance, e le coefficient de possibilité d'existence, P la preuve, on trouve la formule suivante :

$$C = e\,P.$$

Traduisons cette formule en langage ordinaire : voici ce
que nous dirons. Quand le fait est impossible, d'une impossibilité métaphysique, e est égal à zéro, de sorte que,
quelle que soit la valeur de P, c'est-à-dire la force ou poids
de la preuve, elle est annulée, étant multipliée par zéro.
Quand les probabilités pour ou contre l'existence d'un fait
s'équilibrent, la valeur de la fraction qui exprime cette
relation est égale à l'unité. Le coefficient d'existence, qui
en ce cas vaut un, n'accroît en rien la valeur de l'autre
facteur, ce qui revient à dire que la nature du fait ne contribue pas à l'accréditer et qu'on ne devra tenir compte
que de la force ou du poids de la preuve.

V. — En réfléchissant sur ces données, il est facile
d'arriver à une conclusion qui, à première vue, paraît
paradoxale et fondée sur un cercle vicieux. La preuve est
fille du doute et mère de la vérité, avons-nous dit ; la
preuve est la pierre de touche, le critérium de la vérité.
Eh bien ! l'affirmation contraire est également exacte. Le
vrai, le certain et même ce qui se rapproche beaucoup de
la vérité, ce qui lui ressemble au point de se confondre
avec elle, le vraisemblable en un mot, sont, à l'inverse,
des pierres de touche pour la preuve. Si pleine et si par-

faite soit-elle, toute preuve d'un fait invraisemblable devient, par là même, suspecte et plus que suspecte, car elle doit être présumée fausse et est, par conséquent, judiciairement inacceptable. Le coefficient de possibilité d'existence, qui, en pareil cas, assume une valeur fractionnaire infiniment petite $\left(e = \frac{1}{\overline{Ju}}\right)$, multiplié par là valeur de la preuve, diminue celle-ci dans des proportions si considérables que, pour grande que soit la dite valeur, le résultat est toujours inférieur ou, tout au plus, égal à l'unité. Le fait devient douteux et le juge se trouve forcé de décliner la certitude acquise par le moyen de la preuve au nom d'une certitude plus puissante encore, celle de la vérité.

Comment, en vertu de quoi, la vérité ou son succédané la vraisemblance, devient-elle une pierre de touche de la preuve, une épreuve de la preuve, pourrait-on dire ? N'y a-t-il pas là un cercle vicieux ? Pour nous convaincre qu'il n'y en a pas, il suffira de porter notre attention sur la nature du vrai et du vraisemblable.

VI. — Le vrai est ce qui est démontré, prouvé de telle sorte qu'il est inadmissible de le mettre en doute ; c'est le trésor de l'expérience humaine séculaire, des lois naturelles scientifiquement établies et universellement acceptées sans discordance. De sorte que quand la preuve fournie en un jugement s'oppose à la vérité ou au vraisemblable, son proche parent, en réalité, elle contredit une autre preuve encore plus grande, plus générale, plus forte, plus digne de croyance : la preuve faite par le genre humain. Elle doit donc céder devant celle-ci. Par conséquent, on voit qu'il n'y a là ni cercle vicieux ni paradoxe aucun : bien au contraire, il est de plus en plus fortement établi et confirmé que la preuve est toujours et en tous cas la pierre de touche de la vérité et que celle-ci s'accrédite constamment au moyen d'une confrontation : en l'espèce, la confrontation de la preuve fournie dans le jugement avec les lois et vérités scientifiques universellement acceptées comme telles.

HUITIEME LEÇON

LA THÉORIE GÉNÉRALE DE LA PREUVE

I. — Convenance d'une théorie générale.
II. — Méthodologie reconstructive : premières opérations. Nécessité d'une représentation schématique du fait qu'on veut reconstruire.
III. — Application du principe dans les lois de la procédure.

I. — En exposant la théorie de la preuve, les auteurs qui traitent de la procédure étudient ordinairement les divers moyens de preuve l'un après l'autre, et ils essayent de préciser les conditions nécessaires et suffisantes dans lesquelles chacun de ces moyens fait, à lui seul, preuve pleine et entière. Cette méthode d'exposition ou méthode didactique est évidemment artificielle, car dans la majorité des cas peut-être la preuve n'est pas, comme on le dit, simple, mais composée ; c'est-à-dire qu'elle n'est pas le résultat d'un seul moyen de preuve, mais qu'elle est obtenue par le concours ou la combinaison de divers moyens, insuffisants par eux-mêmes à faire pleinement preuve (faisant une preuve imparfaite), mais devenant probants par leur réunion et leur composition.

Cette seule considération nous porterait à croire qu'il

convient de faire de la preuve une étude d'ensemble, antécédent nécessaire, si l'on veut comprendre le mécanisme et le fondement de chacun des moyens de preuve. Mais il y a, en dehors de celle-ci, une autre raison qui impose le développement préalable d'une théorie générale : c'est qu'il y a une série de principes communs à toutes les preuves et qu'il importe de les exposer et de les démontrer une fois pour toutes, de la façon la plus complète et la plus rationnelle possible, pour ne pas se mettre dans l'obligation de répéter la démonstration examinant chaque preuve isolément.

C'est ce que nous avons déjà vu, par exemple, en étudiant la vraisemblance, et c'est ce que nous découvrirons encore, en considérant l'accord entre les faits et d'autres questions. En effet, quels que soient le moyen ou les moyens de preuve utilisés pour la reconstruction d'un fait, si cette reconstruction mène à un résultat invraisemblable ou à un système de faits partiels incohérents et qui se contredisent, la preuve, nonobstant toute sa force et sa consistance, devient douteuse et, comme telle, judiciairement inacceptable.

II. — Entrons donc *de plano* dans l'exposition de cette théorie générale de la preuve ou méthodologie reconstructive ; et souvenons-nous que, comme on l'a vu, les premières opérations reconstructives consistent dans la recherche, la collection, la conservation, la description, la reproduction et la consignation de traces et de documents. Pour que le magistrat instructeur puisse mener à bien d'une façon profitable cette série d'opérations, il faut qu'il soit guidé par une sorte de représentation schématique du fait qu'il devra reconstruire, représentation qui lui est suggérée par la connaissance d'autres faits analogues à celui-là. C'est'le cas de rappeler ici les considérations que nous avons présentées plus haut sur le rôle que joue l'actuel dans la reconstruction du passé et d'insister sur ce que, sans la connaissance du présent, il serait tout à fait impossible de se faire une idée du passé qui lui ressemble (Troisième Leçon).

III. — L'observation que nous venons de faire est si exacte que, quand on se donne la peine de parcourir le titre IV du livre II du « Code de procédure criminelle pour la capitale et les territoires nationaux de la République Argentine », intitulé : *Du corps du délit*, et quelques-uns des titres suivants du même livre (1), on se persuade aussitôt de l'importance qu'a la représentation schématique du fait à reconstruire. Sans cette représentation on ne pourrait mener avec assurance les diverses opérations destinées à la découverte et à l'accumulation des vestiges et éléments de jugement indispensables pour établir l'existence de tel ou tel fait, pour le reconstruire. Or quels sont ces vestiges et ces éléments du jugement ? Est-il possible de les grouper génériquement ? Avant d'aborder ces thèmes, commençons par préciser la mission du juge d'instruction.

(1) De la déclaration de perquisition. Des témoins. Des experts.

NEUVIÈME LEÇON

CLASSIFICATION DES PREUVES

I. — Triple mission du juge d'instruction.
II. — Classification des traces ou preuves par rapport à leur nature.
III. — *Idem*, par rapport à notre manière de les connaître.
IV. — *Idem*, par rapport à la procédure.
V. — *Idem*, par rapport à leur distinction en preuves directes et indirectes.

I. — Le juge d'instruction, obligé d'intervenir pour exercer ses fonctions à propos d'un acte paraissant avoir été commis en violation de la loi pénale, a trois points à vérifier : 1° si l'acte qualifié comme délictueux a réellement existé et qui ou quelles ont été ses victimes ; 2° qui ou quels ont été ses auteurs et les complices ; 3° dans quelles circonstances, propres à aggraver ou à atténuer la responsabilité de son ou de ses auteurs, il a été commis. Le juge se voit ainsi tenu de reconstituer le délit quant à ses causes, ses modalités et ses conséquences, et pour cela il faut qu'il parcoure les diverses étapes du processus reconstructif précédemment signalées (Quatrième Leçon).

La base des opérations reconstructives est la possession d'un ensemble de faits ou éléments de jugement que nous avons dénommés génériquement « vestiges » ou « documents », et qu'il incombe à la justice de rechercher, de rassembler, de conserver, de décrire, de reproduire et de consigner dans le dossier, afin de pouvoir ensuite se consacrer à les examiner et à les comparer et parvenir ainsi à la vérité relativement à la triple vérification nécessaire.

II. — Ces vestiges ou documents, si l'on s'attache à leur nature, sont de trois sortes : 1° matériels et moraux ; 2° psychologiques; 3° graphiques. Les premiers sont constitués par des objets ou des traces matérielles (une arme, un dactylogramme) ou par des particularités de situation ou des relations d'ordre moral (inimitié, fuite, mauvais antécédents). Les seconds consistent en images ou représentations restées dans le cerveau des gens qui ont assisté au fait ou qui en ont entendu parler (souvenirs) ; les troisièmes, en signes graphiques où se trouvent consignées des pensées ayant trait en fait en question.

III. — Si l'on considère la manière dont nous parvenons à connaître les faits qui ont existé ou qui existent, on voit clairement qu'il n'y a pour cela que quatre voies ou moyens qui sont : 1° la perception extérieure, quand ils tombent sous nos sens ; 2° quand on nous les rapporte ; 3° quand des documents écrits, dont nous disposons, en font mention ; 4° quand on les découvre par induction, en partant de l'étude de certaines traces, matérielles ou immatérielles, laissées par eux.

IV. — Les auteurs des traités de procédure distinguent six « preuves » ou « moyens de preuve » principaux et autonomes qui sont : la descente judiciaire, la preuve par expertise, la preuve par aveux, celle par témoins, la preuve littérale, la preuve par indices. Mais il faut

observer que ces soi-disant preuves ne servent et ne fonc-
tionnent pas toujours, dans les procès, comme moyens de
prouver, mais que, dans bien des cas, plusieurs d'entre
elles se réduisent à de simples opérations auxiliaires ou
procédés préparatoires en vue de la preuve proprement
dite. Ainsi la descente judiciaire est presque toujours destinée moins à établir le fait principal ou le cas discuté
qu'à recueillir ou à préciser des faits qui serviront d'indices pour trancher ce dernier. Le témoignage est fréquemment aussi employé à cet effet ; et l'expert est susceptible d'être utilisé non comme moyen de preuve
autonome, mais comme agent auxiliaire pour illustrer la
conscience d'un juge en tout genre de preuves : descente
judiciaire, confession, témoignage, preuve littérale et
preuve par indices.

V. — Les preuves ainsi qualifiées sont généralement
classées en deux groupes ou classes : preuves directes
(ce sont les cinq premières), preuve indirecte (la dernière).
La base de cette distinction est la suivante : entre les cinq
premières preuves et le fait qu'elles démontrent ou tendent
à démontrer ne s'intercale aucun fait différent, tandis qu'il
s'en intercale un, lorsqu'il s'agit de la preuve par indices.
Si l'on appelle p une preuve directe quelconque, p' une
preuve indirecte ou par indices, II le fait qu'on veut
reconstruire ou établir, h le fait intermédiaire entre la
preuve et celui-ci, on trouve que dans les preuves dites
directes, p entraîne II sans qu'il soit besoin d'aucun intermédiaire, ce qui n'a pas lieu dans le cas de la preuve dite
indirecte où l'on a trois termes : p est alors une preuve
directe qui entraîne h, fait indicateur, intermédiaire,
lequel à son tour, et moyennant une inférence, conduit à
II, fait principal dont l'existence est en question.

DIXIEME LEÇON

DIDACTIQUE DE LA PREUVE

I. — Nécessité d'intervertir l'ordre naturel dans la didactique
de la preuve.
II. — Raison de l'interversion : universalité de la preuve par
indices.
III. — Distinction entre la preuve par indices et les autres
preuves.

I. — Arrivés à ce point de notre investigation, nous
allons ouvrir une parenthèse digressive pour exposer la
théorie de la preuve par indices. Cette détermination paraît, à première vue, choquante. Pourtant elle ne répond
pas, on le comprend, à un pur caprice ; elle est, au contraire, amplement justifiée par des raisons puissantes que
nous allons nous empresser de présenter.

Il semblerait d'abord que la preuve par indices est
celle dont l'étude doit être abordée en dernier lieu, puisqu'elle repose sur la détermination préalable de certains
faits appelés indicateurs. Du moment que ceux-ci doivent
être établis, autrement dit, prouvés, soit grâce à l'inspection oculaire du juge, soit par aveu, par témoins, par
experts ou par des documents écrits, la logique, en apparence, ordonnerait de s'occuper d'abord de ces divers
moyens de preuve sur lesquels s'appuie la preuve par indices. Cependant, il n'en est pas ainsi. Une bonne didac-

tique de la preuve, une didactique vraiment systématique conseille de s'écarter dans ce cas de l'ordre logique direct et d'en suivre un diamétralement opposé. Pour ma part je crois de tous points avantageux d'intervertir les termes et de traiter avant tout de la preuve par indices ; après quoi nous reprendrons l'exposition de la théorie de la preuve en général en l'appliquant à chacun des moyens de preuve autres que la preuve par indices.

II. — Le motif de cette interversion méthodologique se trouve dans le caractère d'universalité que revêt la preuve par indices par rapport aux autres preuves. En effet, de même qu'on peut soutenir, comme nous l'avons expliqué il y a un instant, que la preuve par indices se ramène toujours aux preuves nommées directes ou naturelles — puisque tous les faits accessoires, pour pouvoir servir de bases à des déductions et constituer des indices, doivent être prouvés par inspection oculaire, aveux, etc. — de même il est possible de démontrer que toutes les preuves appelées directes ou naturelles se ramènent, en dernière analyse, à la preuve par indices. Comme le fait parfaitement observer le traducteur espagnol de Mittelmaier (p. 479) : « le témoignage des témoins et tous, absolument tous les moyens de preuve se résolvent en véritables indices de culpabilité ou d'innocence, dès lors qu'ils sont appréciés dans la formation de nos jugements ». Ainsi pour que l'aveu nous donne la conviction qu'il est sincère, il doit revêtir certaines conditions sans lesquelles il devient suspect ; et pareillement le témoignage, pour pouvoir servir de preuve, doit être accompagné nécessairement de certaines circonstances capables de faire présumer que le témoin est compétent et véridique, qu'il a pu bien observer les faits sur lesquels il dépose et que les déclarations qu'il fait à leur sujet sont d'une absolue sincérité.

III. — Cela ne signifie assurément pas qu'il faille établir une confusion entre la preuve par indices et les autres preuves. Nonobstant cette corrélation et cette mutuelle dépendance entre l'une et les autres, il reste toujours une différence entre elles, et il convient de maintenir la distinction. Aucun des moyens de preuve n'est autonome absolument ; ils ne sont indépendants que d'une façon relative. Tous ceux appelés directs ou naturels exigent le concours de la preuve indirecte ou artificielle, et celle-ci de son côté exige le concours des moyens directs. Toutefois, il subsiste des caractéristiques qui les différencient. Ainsi, quand les témoins déposent sur l'existence d'un fait et que celui-ci est reconstitué en combinant simplement leurs déclarations, le moyen de preuve utilisé est le moyen testimonial, encore qu'on ait recouru à certaines inférences indicatrices pour la reconstitution. Mais si les déclarations avaient été combinées pour établir un fait accessoire, un fait qui ne fût pas le principal, le cas litigieux, et que du premier on eût passé au second par voie déductive, alors la preuve employée serait la preuve par indices, quoiqu'on eût dû faire intervenir des témoins pour atteindre le résultat cherché. Lopez Moreno fait, dans son estimable ouvrage, une regrettable confusion sur ce sujet, lorsqu'il va parfois jusqu'à soutenir que l'indice n'est pas un moyen de preuve autonome (*La preuve par indices*, Madrid, 1897, p. 325). Bonnier, en revanche, a perçu la différence (*Traité des preuves*, I, pp. 24 et 25), telle que nous l'avons exposée précédemment en précisant la distinction entre les preuves directes et la preuve indirecte.

ONZIÈME LEÇON

LA PREUVE PAR INDICES DANS LA DOCTRINE

I. — Il y a eu un temps où l'on méconnaissait l'importance de la preuve par indices et où on la considérait comme une attribution semi-divine, comme la plus haute expression de la sagesse (jugement de Salomon). Reléguée à des époques lointaines, réduite à un rôle essentiellement secondaire, on la plaçait au rang des preuves naturelles imparfaites, comme le sont la déposition d'un témoin unique, l'aveu extra-judiciaire, etc. Depuis cette époque jusqu'à nos jours la preuve par indices a parcouru un long chemin au cours duquel son importance a été en s'accroissant sans cesse tant dans la doctrine que dans la législation. Son rôle tend à devenir de plus en plus considérable en raison des découvertes scientifiques. Son prestige s'accentue, non seulement parce qu'on accorde plus de crédit aux indices, mais encore parce qu'on commence à éprouver de la défiance à l'égard des preuves jadis estimées au plus haut degré, comme la preuve testimoniale et la preuve littérale. Les progrès réalisés par la science ont accru le vieil arsenal des indices en en faisant connaître de nouveaux qu'on ne soupçonnait pas autrefois (dactylogrammes, caractérisation des taches de sang humain, etc.) et en approfondissant l'étude des lois psychologiques et naturelles ; ils ont eu pour effet d'élever la preuve par indices dans l'échelle des preuves, et l'on pressent le jour où elle occupera une situation prééminente, où elle deviendra la preuve par excellence, la raison des preuves (*probatio probantissima*, comme on l'a dit de l'aveu).

II. — Le premier phénomène à noter, quand on entreprend une étude sur la théorie de la preuve par indices, c'est la grande confusion d'idées, la profonde anarchie d'opinions, qui règne entre les auteurs ayant traité ce sujet. La terminologie qu'ils emploient est vague, personnelle, flottante. Que faut-il entendre par indice, par présomption, par soupçon ? Ils ne sont pas tous d'accord là-dessus. De même, quand il s'agit de déterminer le caractère de l'opération mentale nécessitée par cette preuve : Lopez Moreno notamment insiste à plusieurs reprises pour inculquer l'idée que c'est une induction (v. p. 318 et 325 de son traité). Mittermaier et Bonnier parlent tantôt d'induction, tantôt de déduction, quand ils font allusion au processus logique de la preuve par indices. Enfin on trouve la même divergence et le même manque de précision en ce qui concerne l'importante et délicate question de savoir quel est le fondement rationnel de la preuve par indices, quand il s'agit d'une certitude acquise moyennant un concours d'indices, et aussi en ce qui concerne les conditions à réunir pour parvenir à la certitude par ce moyen de preuve.

III. — Qu'est-ce qu'un indice? C'est toute trace, vestige, circonstance et, en général, tout fait connu ou, pour mieux dire, dûment prouvé, qui est susceptible de mener, par voie d'inférence, à la connaissance d'un autre fait inconnu. Comment pouvons-nous, par l'intermédiaire d'un fait prouvé, arriver à un fait que nous ignorons et qui n'a pas été perçu par nous, qui n'est pas tombé sous les sens d'un témoin qui nous le rapporte, enfin qui n'a pas été consigné dans un document écrit quelconque ni ne nous a été révélé par son auteur? C'est, comme nous l'avons avancé plus haut, grâce à une opération de l'esprit, grâce à une inférence qui, pour aboutir, se fonde sur des relations nécessaires dérivées de la nature des choses.

En effet les choses, les êtres et les faits qui nous entourent sont liés entre eux, nul ne l'ignore, par des relations diverses de ressemblance ou de différence, de causalité ou de simple succession, de coexistence, de finalité, et, quand il s'agit de phénomènes uniques, de lieu et de temps.

Toutes ces relations s'expriment en une infinité de lois, lesquelles, dans le cas qui nous occupe, jouent le rôle de majeure dans un syllogisme dont la mineure est l'indice ou fait connu et dont la conclusion est le fait inconnu ou fait *indiqué*, comme on le désigne parfois, par opposition avec l'indice ou fait *indicateur*.

La trouvaille d'édifices en ruines est un indice évident de l'existence et de l'action de l'homme; et cette affirmation, qui offre un caractère d'absolue certitude, repose sur une déduction rigoureuse qui pourrait être formulée sous forme de syllogisme, la majeure étant cette loi naturelle que personne n'oserait mettre en doute : nul n'édifie sur la terre des constructions comme l'homme. Les édifices en question furent-ils habités? A moins de posséder d'autres indices susceptibles de conduire à une conclusion affirmative ou négative, on ne pourrait rien assurer d'une façon catégorique à ce sujet, car ce n'est pas une loi générale et constante que l'homme habite nécessairement tous les édifices qu'il construit (Exemples de Lopez Moreno).

IV. — On voit, par l'exemple cité, qu'il y a des indices ou faits indicateurs qu'on serait autorisé à qualifier de sûrs, d'infaillibles, car ils mènent à des conclusions certaines, indubitables ; d'autres, au contraire, motivent seulement des conclusions plus ou moins probables, selon le cas, et on pourrait, pour ce motif, leur donner le qualificatif de douteux ou probables. En ce qui concerne les premiers, la relation qui unit le fait indicateur au fait indiqué constitue une loi constante, générale, inflexible ; en ce qui regarde les seconds, la dite relation correspond à une loi de caractère relatif, contingent et qui souffre des exceptions.

V. — Quelle est la nature de l'opération mentale qui intervient dans les exemples que nous avons donnés? S'agit-il d'une induction, comme le soutient opiniâtrement Lopez Moreno dans l'ouvrage précité, ou d'une déduction pure, comme d'autres auteurs l'affirment ? Aucune de ces opinions n'est complètement exacte, et toutes deux contiennent quelque chose de vrai. Quand Lopez Moreno dit que le procédé employé dans la preuve par indices est l'induction, il oublie que l'induction consiste à conclure le général du particulier, à aller du cas ou des cas à la loi. Or dans l'inférence indicatrice on va de la loi ou des lois au cas ; le chemin suivi est précisément l'inverse d'une induction. Il s'agit donc d'une déduction, car la déduction conclut de la loi au cas, du général en particulier. Mais il serait tout aussi inexact de dire que l'inférence indicatrice est toujours une déduction rigoureuse. Dans la plupart des cas elle n'est qu'une inférence par analogie, car elle consiste en une déduction appuyée sur une inférence inductive préalable.

VI. — En effet, la loi qui, dans la preuve par indices, sert de fondement, qui constitue la majeure du syllogisme, n'est pas toujours une loi scientifiquement prouvée et ayant un caractère de nécessité, mais une loi empirique, une généralisation fournie par l'expérience, un principe de sens commun dont la nature est contingente. Que l'auteur d'un crime fuie ou se cache après l'avoir commis et inversement que quiconque fuit ou se cache le fasse parce qu'il a commis un crime, ce ne sont pas là des vérités générales et constantes. Pourtant on tire de là un principe général ; celui qui fuit ou se cache est criminel, et ce principe sert de prémisse pour établir qu'un individu déterminé est l'auteur d'un délit.

Il n'y a donc pas là une déduction rigoureuse, mais ce que les logiciens appellent un raisonnement par analogie ou une inférence analogique. Ainsi deux hommes ont un même vice, l'ivrognerie, un même caractère violent, impulsif, ou bien ont exécuté les mêmes actes : fuir, se cacher, dissimuler la vérité. L'un d'eux a été l'auteur d'un crime ; on en infère que le second est aussi l'auteur d'un délit. Si l'on analyse le procédé mental qui intervient en pareil cas, on trouve qu'il consiste en une déduction appuyée sur une inférence inductive préalable, ni plus, ni moins que dans ce genre d'argumentation communément connu sous le nom d'exemple. Voici un spécimen de cette façon de raisonner implicite : les joueurs généralement se ruinent (inférence inductive) ; or tu joues ; donc tu te ruineras (inférence analogique).

VII. — Toute incertitude inhérente à la loi empirique et contingente qui sert de prémisse à l'inférence analogique affecte nécessairement la conclusion qu'on en tire. La conclusion est entachée d'incertitude, de doute ; elle n'est que probable. A quel degré ? Cela dépend des circonstances spéciales à chaque cas. C'est seulement quand la majeure est une loi qui n'admet pas d'exceptions que l'inférence revêt un caractère de déduction rigoureuse ; mais cela, nous l'avons dit, n'arrive que dans certains cas. Par exemple, quand on prend comme majeure d'un raisonnement ce principe que celui qui possède des objets volés en est le voleur et quand de là on conclut à la culpabilité d'une personne déterminée trouvée en possession d'objets volés, la conclusion n'est pas légitime ; elle est trop absolue, car la possession peut avoir une autre cause licite, achat, donation, etc. Arriverait-on à une conclusion certaine en limitant la portée de la proposition, en disant, par exemple, que la possession d'objets volés est un indice de culpabilité, toutes les fois que le possesseur ne justifie pas de possession légitime ? Evidemment non, car la proposition serait encore trop étendue. Tout ce qui est certain et légitime ne peut pas être prouvé ; un innocent se trouve parfois dans l'impossibilité de démontrer le fait propre à infirmer ou à détruire l'indice qui lui fait du tort. Il arrive parfois que la possession est déshonorante ou délictueuse à un autre point de vue, par exemple, s'il s'agit d'un cadeau fait à une femme mariée par son amant, et cette raison est suffisante pour que le possesseur ne donne aucune explication ou n'en donne pas une satisfaisante, sans compter que quelquefois il se tait par peur ou pour ne pas compromettre un tiers, qui lui-même n'est pas toujours le coupable.

VIII. — Si la preuve par indices était une véritable induction, comme le prétend Lopez Moreno, elle serait toujours certaine, comme l'est toute induction. Au contraire, la preuve par indices n'est certaine que par exception, quand elle se fonde sur une loi générale et constante, en d'autres termes, quand elle cesse d'être une inférence analogique pour se convertir en une déduction rigoureuse. Et nous disons que toute induction est certaine, car, comme on le sait, l'induction opère sur des cas absolument identiques entre eux, ce pour quoi elle commence par éliminer, grâce à l'abstraction ou à l'expérimentation, tous ces éléments qui, dans la réalité objective, diversifient entre eux les phénomènes et empêchent par leur influence de pouvoir formuler la loi régissant tous les cas de même nature. Eh bien ! dans le raisonnement par analogie fondé sur des indices, rarement le cas qui fait l'objet de l'inférence est parfaitement identique au cas ou, pour mieux dire, aux cas abstraits et à la loi qui servent de base au raisonnement ; de cette différence il résulte que la conclusion de l'inférence indicatrice est susceptible de donner lieu à tous les degrés de la croyance, depuis le doute d'une part jusqu'à la certitude, positive et négative, d'autre part, ce qui a fait distinguer les indices en douteux, légers, moyens et graves ou encore, comme les appellent quelques auteurs, véhéments ou nécessaires.

DOUZIÈME LEÇON

I. — Détermination du problème.
II. — Explication et exemple de Lopez Moreno.
III. — Caractère inadéquat et arbitraire de cette explication.
IV. — Véritable fondement de la preuve par indices.

I. — Nous venons de voir que, quand la majeure du raisonnement par indices n'est pas une de ces lois générales, constantes, qui ne souffrent pas d'exception (par exemple : l'homme est mortel, les morts ne ressuscitent pas, personne ne construit sur la terre de la même façon que l'homme, le terme maximum de la gestation humaine est de trois cents jours, la grossesse prouve la cohabitation), la conclusion n'est que probable à un plus ou moins haut degré, vraisemblable ou invraisemblable. Eh bien ! quand la preuve est fondée sur un concours d'indices, sur l'utilisation et la combinaison de divers indices non nécessaires, de diverses inférences par analogie, comment est-il possible que ces diverses conclusions seulement probables mènent à la certitude, à la conviction profonde de la réalité d'un fait ? Avant d'exposer notre opinion sur le fondement rationnel de la preuve par indices, voyons, pour fixer les idées, ce qu'écrit à ce sujet Lopez Moreno.

II. — « La théorie des indices se réduit... à la théorie des probabilités. Selon que le fait suggéré par l'indice réunit plus ou moins de probabilités pour ou contre, on doit affirmer avec plus ou moins de certitude. La preuve par indices résulte du concours des différents faits qui démontrent l'existence d'un autre fait, celui qu'on prétend vérifier. Remarquons que la concurrence de plusieurs indices dans un même sens à partir de points différents ajoute aux probabilités de chacun d'eux une nouvelle probabilité qui résulte de l'union de toutes les autres : il y a là une véritable résultante » (*Op. cit.*, p. 145).

« Nous avons dit ailleurs que la théorie des indices se ramenait au calcul des possibilités. Voici qui confirme cette assertion. Tout indice produit une conviction d'autant plus grande qu'il exclut un plus grand nombre d'autres explications du fait. Dans ce concours les probabilités pour s'additionnent, parce qu'elles sont homogènes, conduisant toutes à un même résultat, tandis que les probabilités contre ne peuvent s'additionner, car, menant à des faits différents, elles sont hétérogènes. De sorte que chaque nouvel indice qui concourt avec les autres augmente extrêmement le degré de certitude, et que le nombre peut en être tel qu'il produise sinon l'évidence, du moins une conviction suffisante pour permettre d'opérer sans crainte d'erreur ».

« Un exemple montrera pratiquement la vérité de ce que nous affirmons dans le précédent paragraphe. Il s'agit de découvrir qui a commis un assassinat. A a couché la nuit du crime dans la même habitation où B a été assassiné. Premier indice, fondé sur la relation de temps et de lieu. Il est clair que le fait d'avoir couché dans cette habitation ne prouve pas absolument que c'est A qui a tué B. Le délit a pu être commis après son départ. En tenant compte de cette probabilité contraire il y a une chance pour et une chance contre. Second indice. A a une blessure récente au pouce de la main droite. Il a pu se la faire en coupant du bois ou bien en frappant B. Voilà donc deux probabilités pour que A soit l'assassin, tandis qu'il n'y en a qu'une pour qu'il soit sorti de l'habitation et une aussi pour qu'il se soit coupé en exécutant un travail quelconque et non en frappant B. Troisième indice. On trouve à A la bague que B portait aux doigts. Il a pu s'en emparer en l'assassinant ; il est possible aussi que la victime la lui ait donnée. Dans le premier cas il y aurait crime, et cette probabilité additionnée avec les autres fait trois, alors que la probabilité opposée reste isolée en tant qu'hétérogène. Quatrième indice. On remarque des taches de sang sur la chemise de A. Il prétend qu'elles furent causées par le sang de la blessure qu'il porte à la main et qu'il les a lavées pour n'avoir pas besoin de changer de chemise. Le juge croit que les taches proviennent du sang de B assassiné par A et que celui-ci les a lavées pour cacher son crime. En ajoutant cette probabilité aux autres on arrive au chiffre de quatre, et la probabilité contraire reste toujours isolée. Cinquième indice. B a dû essayer de se défendre. Dans ses mains on a trouvé un morceau de toile blanche sans doute arrachée à l'agresseur. La chemise de A est déchirée, et quoique le lambeau trouvé ne coïncide pas avec la déchirure, peut-être parce que A s'est aperçu de cette circonstance et a voulu effacer les traces de son crime, la chemise et le morceau sont de la même toile, au même degré d'usure, et l'on doit les considérer comme faisant partie d'un même tout, ce qui accuserait A d'être le meurtrier. Cependant, pour invraisemblable que cela paraisse, il n'est pas impossible que la chemise de A fût déchirée et que celle de l'assassin de B fût de la même toile et dans le même état que celle de A : on ne peut donc trouver là qu'une probabilité, plus ou moins forte, en face d'une autre probabilité, même très légère. Néanmoins l'addition de cette probabilité avec les précédentes donne le nombre respectable de cinq ; et avec l'inimitié que A nourrissait contre B, il y a là six faits différents, qui par des voies différentes indiquent tous que A a dû tuer B. En outre, chacune de ces probabilités est, vis-à-vis de sa contraire, dans la proportion de dix contre un, et dans le cinquième cas où la proportion est beaucoup plus forte, le total serait donc de soixante contre un. »

« Pourquoi, dira-t-on, ne pas additionner aussi les probabilités contraires ? Nous l'avons déjà dit : parce qu'elles se rapportent à des faits différents, sans connexion aucune entre eux. Ne serait-il pas possible de leur donner un caractère homogène, une certaine unité, de les réduire à un commun dénominateur en quelque sorte et ainsi de les additionner également ?... C'est là parfois l'œuvre mystérieuse du hasard ! Si ces faits isolés sur lesquels se fondent les probabilités contraires subsistaient, s'ils étaient tenus pour certains, mis en face des indices accusateurs, ils détruiraient ceux-ci, en vertu de cette loi que des quantités égales à signes contraires produisent zéro comme résultat » (Lopez Moreno, *op. cit.*, pp. 254 et suivantes).

III. — Nous laissons de côté quelques incohérences et invraisemblances que présente le cas artificiel imaginé par

Lopez Moreno pour illustrer ses idées sur le fondement rationnel de la preuve par indices : par exemple, lorsqu'il suppose que A et B, étant ennemis, pouvaient coucher dans la même habitation. Nous ne lui reprocherons pas non plus comme une faute grave l'inadvertance qu'il commet en comptant pour un seul indice le quatrième, alors qu'en réalité il y en a deux : l'existence de taches de sang et le fait de les avoir lavées. Mais nous ne pouvons passer sous silence une observation relative à la façon d'évaluer les probabilités pour et contre. Il commence par leur assigner la même valeur égale à l'unité, sauf pour le cinquième indice où, selon lui, la valeur de la probabilité pour excède celui de la probabilité contre ; et il conclut, sans donner la raison de son affirmation, en soutenant que les probabilités pour sont, par rapport à leurs contraires, dans la proportion de dix contre un ou beaucoup plus dans le cas du cinquième indice.

Il est facile de comprendre que la valeur des probabilités pour et contre, dans chacun des indices donnés en exemple, doit varier en raison des circonstances spéciales à chacun. S'agit-il du second indice, par exemple ? A a à la main droite une blessure récente qui, par sa position, sa forme, son état, etc., paraît avoir été faite en commettant le crime : l'inculpé sera mis dans l'obligation d'expliquer la provenance de cette blessure. Comme on le devine, les solutions, en pareil cas, pourront être différentes. Si A explique et prouve d'une façon satisfaisante comment il s'est blessé, l'indice disparaît ; s'il ne l'explique et ne le prouve que d'une façon imparfaite (par un seul témoin), s'il explique sans pouvoir prouver, s'il se contredit, s'il refuse de donner une explication, si son explication est reconnue fausse, ce sont d'autres situations, et l'indice aura des valeurs diverses qui peuvent s'accroître jusqu'à amener une inégalité très grande entre la valeur de la probabilité pour et celle de la probabilité contre.

Quant à l'accroissement de valeur des probabilités positives, que, dans son dernier paragraphe, Lopez Moreno multiplie par dix sans donner aucune explication de cette plus-value, nous dirons que les valeurs numériques assignées par l'auteur sont complètement arbitraires, mais que l'augmentation de valeur existe néanmoins; elle est due à une cause que nous mettrons en évidence et justifierons pleinement plus loin : l'intervention du *principe de confirmation.*

Comme on le voit, l'exemple développé par Lopez Moreno pour illustrer sa théorie sur le fondement rationnel de la preuve par indices révèle l'imprécision et la confusion des idées de l'auteur sur le sujet traité ; ces défauts sont, disons-le à sa décharge, généraux chez tous les auteurs qui ont exposé cette importante question. L'identification que fait Lopez Moreno entre les indices et les probabilités en supputant chaque indice comme une probabilité pour la culpabilité, son silence à propos de la façon dont on doit rechercher, découvrir et peser les probabilités contraires, la qualification d'homogènes et d'hétérogènes appliquée aux probabilités pour et contre, si impropre qu'elle rend à peu près impossible de comprendre pourquoi il faut additionner les unes avec les autres, l'absence des raisons pour lesquelles le concours de plusieurs indices augmenterait les probabilités de chacun d'eux en y adjoignant une nouvelle probabilité et l'idée qu'il s'agirait là d'une réunion de toutes les autres probabilités, comme l'affirme et le croit à tort le distingué auteur : toutes ces appréciations et d'autres encore démontrent pleinement la confusion et l'imprécision des idées que nous lui avons attribuées et justifient l'essai, auquel nous allons procéder sur le champ, d'exposer au sujet du fondement rationnel de la preuve par indices une théorie plus satisfaisante que celles qui ont cours jusqu'ici.

IV. — Pour cela, envisageons l'exemple présenté par Lopez Moreno ou quelque autre analogue. Il s'agit d'un ensemble de faits accessoires entre lesquels existe un accord parfait, faits susceptibles de servir de base à des raisonnements par indices convergents, c'est-à-dire de conduire tous à une même conclusion en désignant un individu déterminé comme l'auteur du délit commis. Quelles causes pourraient expliquer l'existence de ce système d'indices concordants et la convergence de ces raisonnements ? Il est évident que trois causes seulement peuvent expliquer ce phénomène ; et ces trois causes sont : 1° la réalité du fait désigné par les indices ; 2° la falsification de la preuve, c'est-à-dire la production et la combinaison intentionnelles d'un système d'indices, effectuées par le coupable pour désorienter la justice ou par un innocent qui craint de passer pour inculpé, qui veut faire une plaisanterie, exercer une vengeance, etc. ; 3° la réunion et la combinaison des circonstances qui ressemblent à autant d'indices révélateurs d'un fait non arrivé, réalisées par l'effet du hasard.

Eh bien ! on comprend sans effort que, dans la mesure où l'on élimine la probabilité d'intervention des deux dernières causes, celle de la première devient de plus en plus forte et que si, grâce à une série d'opérations critiques et de vérifications ou d'expériences on parvient à exclure complètement ou à un très haut point les deux dernières hypothèses, la falsification d'indices et le hasard, la première, celle qui correspond à la réalité d'un fait indiqué par le système d'indices, restera seule debout, étant la seule explication plausible et véridique de l'existence du système en question.

Il suit de là que le fondement rationnel de la preuve par indices est, au fond, le principe de raison suffisante et que les auteurs voient juste, quand ils déclarent que la preuve par concours d'indices se réduit, en dernière analyse, à une balance de probabilités susceptible de provoquer dans l'esprit une certitude de plus en plus grande, sans atteindre néanmoins jamais jusqu'à la certitude pure et simple ; car l'hypothèse du hasard ne peut jamais être rigoureusement éliminée, et tout ce qu'on peut affirmer, c'est que l'intervention de celui-ci est de plus en plus improbable à mesure qu'augmente le nombre des indices et surtout leur valeur.

TREIZIÈME LEÇON

I. — Conception du hasard. L'influence qu'il exerce sur nos jugements.
II. — Le hasard dans la preuve par indices.
III. — La falsification de la preuve.
IV. — Exemple de Lopez Moreno. Critique.

I. — Qu'est-ce que le hasard ? Quelle est sa nature et son influence sur les phénomènes naturels et les actes humains? Quelle action exerce-t-il sur nos jugements? Ce sont là des questions que nous devons aborder et traiter, fût-ce très sommairement, pour la bonne intelligence de notre sujet. Ces problèmes ont été l'objet, en ces derniers temps, de nombreuses études de la part de logiciens, de statisticiens, de sociologues et de mathématiciens éminents qui les ont examinés sous les points de vue les plus distincts et ont abouti aux conclusions les plus diverses. Parmi la discordance et l'hétérogénéité des opinions, les idées tendent toutefois à s'éclaircir relativement au concept du hasard ; celui-ci paraît consister tout simplement dans la rencontre de phénomènes ou de séries de phénomènes indépendants, c'est-à-dire ne se trouvant unis ni entre eux ni avec d'autres phénomènes ou d'autres processus par un lien régulier de causalité. Il arrive en effet dans la réalité objective que des séries phénoménales non solidaires entre elles se concentrent, se croisent et donnent lieu à des faits nouveaux. Ces rencontres, tout comme leurs effets, considérées une à une, sont irrégulières et n'obéissent à aucune loi. Eh bien ! ce sont là précisément les faits appelés faits de hasard.

Par conséquent, le hasard représente dans l'univers quelque chose comme le désordre ou, si l'on veut, l'absence d'ordre. Ce qui revient à dire qu'il est capricieux, donc imprévisible et, conséquemment, inévitable en général. Il a le plus souvent un autre caractère : la rareté. Le cas fortuit se présente parfois peu fréquemment, d'autant moins fréquemment que la rencontre d'où il provient a moins de chances de se produire ou de se répéter, ce qui dépend de l'indépendance ou de l'éloignement entre les séries phénoménales dont la convergence constitue le cas de hasard. Il y a donc, pourrions-nous dire, des degrés dans la fortuité. Ainsi la couleur peut se répéter dix, quinze, même près de vingt fois de suite au jeu de la roulette, tandis que l'un des trente-six numéros ou le zéro n'est jamais sorti plus de trois ou quatre fois de suite, ce qui est évidemment dû à l'inégalité des probabilités dans l'un et l'autre cas $\left(\frac{1}{37}\right.$ dans le second cas et $\frac{18}{37}$ dans le premier).

Plus l'éloignement de deux séries phénoménales indépendantes est grand et moindre la solidarité entre elles, plus est improbable la rencontre qui donne lieu à un cas fortuit, de sorte que si celui-ci vient à se produire il provoque dans l'esprit une impression de surprise d'autant plus intense que la rencontre était moins probable. Que je trouve sur mon chemin une personne qui habite la même ville que moi, c'est un fait qui n'éveillera guère mon attention ; il l'éveillera encore moins, s'il s'agit d'un voisin dont la rencontre est toujours probable, et moins encore, si nos sorties respectives ont lieu aux mêmes heures, parce que nous avons des occupations analogues, parce que nous allons à une même cérémonie. Mais que j'aperçoive quelqu'un au moment précis où je pense à lui, cela me causera une légère suprise, car il y a là la rencontre de deux séries phénoménales indépendantes ; la suite de mes idées, régie par les lois psychiques de l'association, etc., et l'intersection de nos itinéraires du jour qui sont commandés par nos occupations ou nos distractions respectives.

Il résulte de ce qui précède qu'il y a des degrés, pour ainsi dire, dans le hasard, que celui-ci est, dans une certaine mesure, prévisible, qu'il peut même être soumis au calcul et enfin qu'il n'exclut pas complètement l'idée de loi, à condition, bien entendu, qu'on ne considère pas un cas de hasard isolé, mais un grand nombre de cas, afin que puisse entrer en jeu ce qu'on a appelé *la loi de compensation*. Par la vertu de cette loi la régularité apparaît dans les manifestations irrégulières du hasard, comme le prouve le jeu de la roulette précédemment cité et aussi la détermination par la statistique des lois naturelles ou sociales (loi des grands nombres). Par exemple, au jeu de la roulette, au bout d'un nombre considérable de coups, les deux couleurs arrivent à s'équilibrer, alors que sur dix ou vingt coups elles sortent en proportions très inégales.

Revenons à notre question et rappelons l'exemple du

concours d'indices présenté par Lopez Moreno : il est aisé de reconnaître que ces divers indices représentent autant de séries phénoménales indépendantes, dont la rencontre — quand se trouvent réunies certaines conditions que nous établirons plus loin — pourrait difficilement être produite par le hasard et faire paraître vraisemblable un événement qui ne s'est pas accompli. C'est seulement dans des cas très rares que le hasard suscite certaines coïncidences ou fait se répéter certains cas ou réunit de nombreux indices absolument indépendants et les combine en même temps, d'une façon telle et si parfaite qu'elle donne l'idée de la production d'un fait qui, en réalité, n'a pas existé. Ainsi, quand le nombre des indices est grand ainsi que leur éloignement, la croyance à la non-intervention du hasard devient ferme et suffit pour déterminer dans l'esprit la conviction de la réalité du fait qu'ils indiquent. Il en est en pareil cas comme pour ces coïncidences multiples, constantes et variées qui, excluant l'hypothèse du hasard, attestent l'existence de lois naturelles.

III. — Avant de montrer comment doivent être traités les indices pour pouvoir entrer dans le calcul des probabilités auquel nous avons fait allusion et pour bannir de l'esprit, par leur nombre et leur caractère, toute croyance, même lointaine, à l'action du hasard, il est nécessaire de se faire une idée de la seconde cause à laquelle on peut toujours, nous l'avons dit, attribuer l'existence d'un système quelconque d'indices convergents : la falsification de la preuve. Pour comprendre l'intervention possible de cet élément, il suffirait, dans l'exemple précité, de supposer quelque chose qui, dans la réalité, arrive fréquemment, à savoir que l'inculpé A, connaissant la mort de B et craignant de se voir impliqué dans l'affaire alors qu'il n'est pas coupable, ait eu la pensée de laver des taches de sang, de crainte qu'elles le compromettent (falsification de preuve par un innocent) ou bien qu'un tiers, véritable auteur du crime, ait fait cadeau de la bague à A pour faire tomber sur lui les soupçons (falsification de preuve par le coupable). La question peut encore être illustrée par un autre exemple imaginé par Lopez Moreno dans une intention, d'ailleurs, différente de celle qui nous occupe, afin de montrer les dangers de la preuve par indices.

IV. — « A minuit un homme enveloppé d'un long manteau plonge deux ou trois fois un poignard homicide dans le sein de sa victime qu'il a guettée comme un chasseur à l'affût. Le criminel a fui, mais non assez vite pour que d'honorables voisins, réveillés par les gémissements de la victime, n'aient vu la direction qu'il a prise. Le juge arrive sur les lieux. A côté du cadavre se trouve le poignard sanglant abandonné par l'assassin dans sa fuite. La victime tient encore dans ses mains crispées un morceau d'étoffe arraché au meurtrier. Le juge recueille ces documents précieux. Bientôt les soupçons tombent sur une personne déterminée. À a eu une discussion violente avec le défunt quelques jours avant. Divers témoins assurent qu'il a juré de tuer B. Voilà un premier indice. D'autres témoins affirment que l'assassin s'est bien sauvé dans la direction de la maison où habite A. Quelques-uns déposent qu'à minuit, c'est-à-dire à l'heure du crime, on a vu un homme enjamber précipitamment les murs du jardin de A. Le juge dirige contre celui-ci l'accusation. Il y a assez d'indices pour croire qu'il a pu commettre l'assassinat. Au cours de l'interrogatoire on met devant lui le poignard, et lui, muet d'épouvante, la face changée, visiblement agité et tremblant, nie que l'arme soit sa propriété. Néanmoins il se confirme plus tard par diverses voies qu'en effet ce poignard lui appartenait. En visitant ses appartements on y trouve un manteau maculé de taches récentes de sang. Il y manque un morceau. On le confronte avec le morceau d'étoffe trouvé dans les mains de la victime, et c'est le même drap, et le morceau s'ajuste parfaitement. Enfin on découvre sur la figure et les mains de A quelques égratignures et marques de contusions. Lui, néanmoins, continue à nier et à protester de son innocence. Toutes les tentatives pour le faire avouer restent inutiles et aucune autre sorte de preuve n'ayant été relevée, l'affaire est transmise à la cour. Voici les indices qui démontrent la criminalité de A : « 1° Son inimitié contre B ; 2° les menaces qu'il a faites de le tuer ; 3° le fait que l'assassin, après le crime, s'est dirigé vers la maison de A ; 4° le fait qu'un homme, portant un manteau, a sauté, à l'heure du crime ou peu après, les murs du jardin de la maison de A ; 5° le fait que le poignard avec lequel fut frappée la victime et qu'on trouva auprès du cadavre appartenait à A ; 6° le fait qu'il a nié cette possession, pleinement prouvée par les moyens ordinaires ; 7° les traces de sang trouvées sur son manteau et dont il ne peut expliquer l'existence d'une façon satisfaisante ; 8° le morceau de ce même manteau trouvé aux mains de la victime ; 9° les égratignures et contusions qu'il a dû recevoir de B, car il ne prouve pas les avoir reçues autrement ».

« Voilà un concours d'indices aussi complet que possible et comme il s'en présente rarement. Quel juge ne sentirait sa conscience tranquille en condamnant l'inculpé? ui se hasarderait à soutenir qu'un autre que A fût l'assassin de B ? Qui ? Quelqu'un qui saurait que dans la maison même de A habitait un autre homme, C, un de ses serviteurs, lequel nourrissait contre B une haine bien plus profonde, une de ces haines qui ne s'assouvissent que dans le sang et sont d'autant plus violentes qu'elles sont plus cachées. La femme de C possédait la clef du mystérieux événement, mais personne autre qu'elle. C a couché cette nuit-là dans la même chambre que deux de ses compagnons. Quand il les a vus endormis, il s'est levé subrepticement, a été à l'endroit où il savait que A mettait son poignard et s'est enveloppé dans le manteau de A, sans doute afin d'écarter de lui-même tout soupçon. Il est sorti de la maison sans être aperçu et y est rentré de même après avoir satisfait sa barbare vengeance. Peu après, il reposait près de ses compagnons encore endormis de leur premier sommeil. Qu'on dise maintenant s'il est impossible que, selon le cours naturel et ordinaire des choses, l'assassin de B soit un autre que A. »

Voilà le mélodramatique exemple imaginé par Lopez Moreno et où il ne s'agit pas seulement de « combinaisons purement fortuites », comme le donne à entendre à chaque ligne son auteur, mais, avant tout, d'une falsification de preuves réalisée par le véritable criminel avec le propos délibéré d'éluder l'action de la justice en dépistant le juge d'instruction. Aux indices simulés par lui avec un succès incomparable — grâce à cette triple coïncidence qu'il habitait la maison de l'accusé, qu'il a caché à celui-ci sa haine et ses propos de vengeance, enfin qu'il a pu s'emparer des vêtements et des armes de son patron sans que celui-ci s'en aperçoive — à tous ces indices falsifiés s'en ajoute un, bénévolement fourni par l'accusé innocent, lorsqu'il nie que le poignard avec lequel fut frappée la victime lui appartenait ; et il y en aurait à signaler d'autres encore, dûs au pur hasard : l'inimitié de A pour B, les menaces de mort, les égratignures et contusions à la figure et aux mains.

QUATORZIÈME LEÇON

I. — Procédé pour l'exclusion du hasard et de la falsification de la preuve.

II. — Vérification, précision et évaluation des indices « à l'état brut ». Idées de soupçon, présomption et indice.

III. — Motifs et circonstances infirmatifs.

IV. — Contre-présomptions et contre-indices.

V. — Application à l'exemple de Lopez Moreno.

1. — Puisqu'il est évident que parmi les causes productives d'un système d'indices quelconque peut intervenir soit le hasard, soit une main occulte qui simule intentionnellement les indices, il convient de se demander quelle méthode devra suivre le juge instructeur dans un cas donné pour exclure l'influence de ces deux hypothèses. Le problème, posé en d'autres termes, revient à examiner à quel traitement (pourrait-on dire en matérialisant les choses) doivent être soumis les indices pour que la preuve par le concours d'indices soit parfaite ; autrement dit, quels caractères doivent avoir les indices et quelles conditions de nombre, de valeur, etc., les indices et les inférences fondées sur eux doivent réunir pour

que la croyance à l'existence du fait indiqué par eux assume dans l'esprit les caractères de la certitude.

II. — Supposons qu'on a découvert des traces en apparence révélatrices d'un délit commis. Nous avons déjà vu quelles sont les opérations préliminaires à effectuer en pareil cas. Quand on a recueilli, conservé et décrit tous les vestiges, traces, objets, etc., qu'on a trouvés, ces documents suggèrent des hypothèses explicatives : ils indiquent, par exemple, une personne déterminée ou un individu d'une certaine classe comme l'auteur présumé du crime.

L'indication fournie par chacun des vestiges et des circonstances réunis est, au début, vague, imprécise, indéterminée ; d'où la nécessité d'un travail délicat et complexe, à la fois matériel et critique, destiné à vérifier, particulariser et préciser les documents recueillis et à ratifier ou à rectifier les raisonnements correspondants. Cette série d'opérations aura ou non pour résultat que ces traces, ces objets, etc., deviennent des indices proprement dits ; et il n'est pas possible de comprendre la véritable nature de ceux-ci, si on ne les étudie pas *ab ovo*, si l'on n'assiste à leur naissance et si l'on ne suit pas tous les moments de leur évolution, depuis celui où ils surgissent à l'état de simples traces jusqu'à celui où ils atteignent leur entier développement et sont des indices. A moins que, durant cette évolution, ils n'avortent et ne puissent atteindre la qualité d'indices. La chose est possible aussi. Nous allons voir comment.

Supposons qu'on a trouvé des traces de pas. En les examinant attentivement, on y remarque une particularité qui fait désigner une personne déterminée comme présente à l'endroit du crime. L'indice est, au début, vague, imprécis, non vérifié et, par conséquent, susceptible seulement de provoquer un jugement léger, un *soupçon* (Les lois de Castille appellent la preuve par indices preuve par soupçons). On cherche à vérifier la supposition et on démontre l'impossibilité absolue de la présence du soupçonné à l'endroit de la trace de pas : l'indice disparaît, au moins de ce côté. Supposons le contraire et que les traces coïncident parfaitement avec la chaussure et la façon de marcher particulière du soupçonné ; la trace devient un véritable indice, en ce sens qu'elle indique un fait inconnu, la présence du soupçonné, indice d'autant plus précis et d'autant plus grave que la relation est plus spéciale entre la trace de pas trouvée et celle des pas de celui qu'on soupçonne avoir été présent sur le lieu du crime et peut-être son auteur.

Autre exemple. L'inculpé a à la main une blessure qui, par sa forme et son caractère paraît avoir été produite en commettant le délit, car il y a eu fracture de verres et les blessures du sujet semblent avoir été occasionnées par du verre. Voilà un soupçon. L'inculpé prouve suffisamment comment il s'est blessé ou, du moins, qu'il était déjà blessé quand le crime a été commis : le soupçon se dissipe, l'indice tombe. Si l'inculpé ne peut rien prouver et s'il y a des motifs pour croire qu'il ment, le soupçon se fortifie. On démontre que l'incriminé falsifie la vérité et que les blessures ont dû se produire comme on le pensait : le soupçon acquiert la valeur d'un jugement de plus en plus fondé ; il se transforme en une *présomption*. La trace, de son côté, acquiert la valeur d'un véritable indice.

Il y a dans le *Traité* de Lopez Moreno (p. 172) un autre exemple éclairant ce procédé d'individualisation de l'indice brut, comme on pourrait l'appeler. Il s'agit d'une

blessure portée par l'inculpé et qui provient d'une morsure ; sa grandeur, sa forme et ses autres particularités
coïncident admirablement avec la structure de la mâchoire,
l'usure des dents, les dents manquantes et autres particularités de la victime, dont les dents, d'autre part, portent
la marque certaine d'une morsure faite à l'agresseur. La
coïncidence est vérifiée en appliquant à la blessure de
l'accusé un moulage en plâtre de la mâchoire du cadavre.

En résumé le soupçon est un jugement léger, un raisonnement qui laisse place au doute, parce qu'il est basé
sur un indice à l'état brut, sur un indice (*lato sensu*) qui
a besoin d'être vérifié. Le soupçon, isolé ou accompagné
d'autres soupçons, peut servir de point de départ à une
perquisition, justifier l'interrogatoire envers une personne
déterminée ; mais il ne doit jamais être le fondement d'une
condamnation. *Nec de suspicionibus debere aliquem
damnari divus Trajanus rescripsit* (Ulpien, l. 5, *D. de
pœn.*) Avec la présomption on avance d'un pas : les doutes
commencent à se dissiper et l'indice à se préciser. Néanmoins il reste quelque motif pour que la conclusion ne
soit pas absolument sûre. « Présomption veut dire quelque
chose comme grand soupçon », disent les lois de Castille.
Un tel état d'esprit autorise parfois à tenir, provisoirement et par anticipation, la conclusion comme certaine,
ainsi que le dénote l'étymologie du mot présomption (de
præ et *sumo*, prendre avant. *Sumitur pro vero.*)

III. — Les exemples que nous venons de relater montrent
qu'en présence d'une trace, d'un vestige, d'un objet ou
d'une circonstance quelconque, bref d'indices à l'état brut
pouvant devenir, par voie d'analyse critique, de véritables
indices d'un délit, le premier devoir d'un juge d'instruction est de les vérifier suffisamment par des preuves

directes et ensuite de les soumettre à une série d'opérations analytiques destinées à caractériser et à préciser ces données ; pour cela il faut que le juge recherche et examine tous les faits et circonstances propres à corroborer ou à renverser ses premiers jugements. Chaque trace, chaque vestige, chaque objet doit être étudié séparément et minutieusement, de la façon et avec l'intention susdites ; pour cela le juge doit requérir le concours de l'inculpé et de son défenseur, qui sont à même de l'aider, par leurs indications et leurs allégations, à trouver tous les faits, motifs et circonstances infirmatifs, c'est-à-dire de nature à affaiblir ou à détruire le soupçon ou la présomption causée par la trace, le vestige, l'objet ou le phénomène et à ôter à ceux-ci leur caractère d'indices.

IV. — Tous ces motifs, circonstances et faits infirmatifs dont l'effet est, comme nous venons de le dire, de retirer aux traces, aux choses, etc., leur caractère d'indices accusateurs, peuvent être appelés, par opposition, « indices d'innocence ». Dans la doctrine on les désigne du nom de contre-présomptions et de contre-indices ; la différence entre celles-ci et ceux-là serait dans le fait que les premières ne détruisent jamais complètement l'indice auquel elles s'opposent, tandis que les contre-indices le détruisent. On voit que la différence paraît correspondre à celle qu'on fait généralement entre les présomptions, inférences indiciaires qui admettent la possibilité du fait contraire, et les indices *stricto sensu*, c'est-à-dire ces traces si caractérisées, si concrètes et si précises que l'inférence fondée sur elles a force probante, par application de l'aphorisme connu des Anglais : *facts can not lie*, les faits ne mentent pas. Après ces explications on comprendra pourquoi *la présomption* a été qualifiée : *la certitude des gens légers* et pourquoi d'Aguesseau a dit des *soupçons* qu'ils étaient *le crime des hommes de bien.*

V. — Si nous appliquons ces observations à l'exemple présenté par Lopez Moreno, nous verrons qu'il ne suffit pas qu'il existât de l'inimitié entre le mort et l'accusé ni que celui-ci eût menacé celui-là, pour que, sans plus ample examen, on lui imputât ces deux faits comme de véritables indices de culpabilité. Ainsi, en ce qui concerne la menace, l'inculpé était-il homme à mettre en œuvre ses paroles ou bien a-t-il proféré des menaces, comme tant d'autres, par fanfaronnerie ou dans un mouvement de colère fugace ? Ses antécédents, son caractère, sa condition, sa position sociale, son propre intérêt n'attestent-ils pas l'invraisemblance qu'il y aurait à le considérer comme capable de réaliser ses menaces ? C'est seulement après avoir examiné un à un tous ces motifs infirmatifs que la menace peut être prise en considération à titre d'indice et avec la valeur que lui assignent les circonstances de la cause, valeur qui peut être lourde, moyenne ou légère, sans parler des contre-présomptions ou contre-indices qui peuvent réduire cette valeur à zéro. Ce que nous venons de dire de la menace peut être répété à propos de l'indice inimitié.

Il a fallu que Lopez Moreno oubliât tout cela et accumulât, dans l'exemple construit par lui, une série d'invraisemblances et de surprenantes combinaisons dues au hasard et difficilement réalisables en fait, pour que le cas imaginé par lui prît l'aspect impressionnant qu'il se proposait de lui donner en vue de montrer les incontestables dangers de la preuve par indices. Personne ne met en doute ces dangers et tout le monde convient sans peine que le maniement de cette preuve exige de la part des magistrats des dons innés de sagacité et une solide culture scientifique, psychologique surtout, sans quoi il serait exposé à commettre de lamentables erreurs, soit en absolvant un criminel, soit, ce qui est pire, en condamnant un innocent.

Pour nous en tenir à l'exemple de Lopez Moreno, on peut se demander encore comment le juge d'instruction, avant de transmettre l'affaire à la cour, ne s'est pas posé une foule de questions qui l'auraient mis en garde au sujet de la valeur de certains indices. Les suivantes, par exemple, auraient pu orienter sa perquisition dans un autre sens et lui faire soupçonner la falsification de preuve : quel besoin avait le présumé coupable de rentrer chez lui, le crime commis, en sautant le mur du jardin et non par la porte ? Comment n'a-t-il pas tenté de cacher ou de détruire le manteau déchiré et les taches de sang ou n'a-t-il pas du moins lavé celles-ci ? Comment a-t-il pu laisser sur le lieu du crime le poignard qui le dénonçait ? Ces trois circonstances réunies, même dans l'ignorance où était le public et le patron lui-même de « l'irrémédiable inimitié, de la soif inextinguible de sang et du mortel désir de vengeance » éprouvés par le domestique assassin envers la victime, ne devaient-elles pas donner à entendre que le meurtrier pouvait être un autre que l'accusé et que l'on se trouvait peut-être en face d'un cas de falsification de preuve ?

Les considérations qu'on vient de lire ne sont pas dictées par un esprit de critique négative, mais par le dessein de faire voir que le juge ne se trouve pas désarmé et sans ressources en présence d'un groupe d'indices qui, à première vue, pourraient le mener à une conclusion fausse. En soumettant les prétendus faits indicateurs à une analyse du genre de celle que nous avons décrite, il est difficile, pour ne pas dire impossible, que les indices falsifiés ou ceux dont l'existence n'est due qu'à l'action du hasard ne soient pas supprimés — en tant qu'indices, s'entend — par l'influence de quelque contre-indice, ou du moins qu'ils ne sortent pas du crible de l'analyse avec un poids si diminué, une valeur si faible, qu'en entrant dans la balance des chances de culpabilité ou de non-culpabilité ils n'aient plus la puissance nécessaire pour faire pencher le fléau du côté des premiers.

QUINZIÈME LEÇON

LE PRINCIPE DE CONFIRMATION

I. — Une fois les indices examinés, évalués et précisés, il y a lieu de les combiner, d'en faire la synthèse. Cette opération s'effectue, on peut le dire, d'elle-même dans l'esprit. Chaque indice va tout naturellement prendre sa place, chaque fait ou circonstance accessoire va se coordonner avec les autres, et ainsi se reconstitue le fait principal entouré de ses détails les plus importants ou intéressants. Cette synthèse des faits indicateurs constitue, nous le verrons, une nouvelle pierre de touche de l'exactitude et de la valeur des indices, ainsi qu'un moyen de plus pour exclure l'intervention possible du hasard ou de la falsification de la preuve. L'opération peut également avoir pour résultat de donner à chacun des indices une valeur beaucoup plus grande que celle qu'il avait considéré individuellement. Essayons d'expliquer ces deux conséquences.

II. — Quand ils s'occupent de la preuve par concours d'indices et qu'ils recherchent à quelles conditions ceux-ci peuvent être entièrement probants, les auteurs exigent uniformément la concordance ou convergence des indices ; mais ils ne s'arrêtent pas à préciser en quoi consiste cette condition et ils tiennent pour établi que concordance et convergence sont choses équivalentes.

III. — De même, quand ils font observer l'augmentation de valeur acquise par les indices en vertu de leur réunion, ils expliquent généralement ce fait en disant que les indices se « corroborent » ou se « confirment » les uns les autres ; mots qui, en réalité, n'expliquent rien, puisque le tout est de se demander pourquoi et quand les indices se corroborent et se confirment.

Lopez Moreno entreprend, à ce sujet, une interprétation peu heureuse : « On remarquera, dit-il, que le concours de plusieurs indices dans une même direction à partir de points différents accroît les probabilités de chacun d'eux par une nouvelle probabilité qui résulte de l'union de toutes les autres et constitue une véritable résultante ». Nous disons que l'interprétation est peu heureuse ; car l'estimable auteur ne nous dit pas comment et pourquoi la valeur — supposons la égale à 5, pour fixer les idées — d'un indice *a*, lorsque celui-ci s'unit à l'indice *b*, dont la valeur est de 3, se trouve accrue par *une nouvelle probabilité qui résulte de l'union des probabilités de b*. Selon les termes de Lopez Moreno il n'y au-

rait là qu'une simple addition, une résultante, comme il
dit lui-même, sans augmentation quelconque de la valeur
ou du poids des forces élémentaires qui se combinent.
Pourtant le fait signalé, mais non expliqué, par Lopez
Moreno est réel. Il y a ou, pour mieux dire, il peut y
avoir augmentation de la valeur des indices par le fait de
leur réunion, et ce résultat, quand la concordance est
parfaite, n'est pas une simple somme, mais un produit.
Avant de le prouver, nous montrerons en quoi consistent
la concordance et la convergence et à quoi elles sont
dues.

IV. — Nous observerons d'abord que tous les auteurs
commettent une confusion d'idées et une incorrection en
employant les mots concordance, convergence et d'autres
analogues comme synonymes. Ainsi Lopez Moreno écrit :
« Quand plusieurs faits différents se relient d'une certaine
façon avec un autre et qu'on peut induire celui-ci de
ceux-là par diverses voies, il y a ce qu'on appelle *concurrence* ou *convergence* des indices, et la preuve artificielle est constituée ».

Pour nous concordance et convergence sont choses
différentes. La première se rapporte aux indices ou faits
indicateurs, la seconde aux déductions ou raisonnements
sur ces faits. Ce sont ces déductions, ces raisonnements à
propos des indices, qui convergent ou concourent vers un
même point, c'est-à-dire vers une même conclusion, par
exemple, qu'un tel est l'auteur du crime. Quant aux indices ou faits indicateurs ils ne convergent pas, à proprement parler, mais, en leur qualité de parties accessoires
d'un tout, de faits secondaires ou modalités ambiantes
d'un même événement, ils concordent entre eux, c'est-à-
dire qu'ils s'assemblent les uns avec les autres, de façon

à constituer un fait naturel, logique et cohérent. Et pourquoi cette concordance des indices, cet accord des faits ?
Nous y avons déjà fait allusion : c'est que les indices,
étant les faits accessoires d'un fait principal, les détails
d'un événement unique, d'un petit drame humain, doivent
nécessairement obéir à la loi des trois unités de temps,
de lieu et d'action ; de sorte que, comme les épisodes
d'une tragédie, les indices sont tenus de se combiner
entre eux, de prendre respectivement leur place dans le
temps et dans l'espace et, tous ensemble, de se coordonner, chacun selon son caractère ou sa nature, selon leurs
relations de coexistence, de cause à effet, de moyen à
fin, etc., en conformité avec les relations nécessaires qui
dérivent de la nature des choses, pour employer la formule de Montesquieu.

V. — Après avoir expliqué la concordance ou accord
des faits et quelle en est la cause, il nous reste à déterminer ses effets quant à la valeur des indices. Mais avant
d'aborder ce sujet, éclaircissons la notion un peu abstraite
et, par conséquent, vague de la concordance, en présentant quelques exemples qui la rendent facilement compréhensible.

Supposons qu'un homicide a été commis et que la victime porte une quantité de blessures ou certaines mutila-
tions caractéristiques qui dénotent chez le meurtrier de
la fureur, de la rancune, de l'esprit de vengeance. On
prouve qu'il existait entre l'inculpé et l'assassiné de la
haine ou une puissante cause de haine : le phénomène
indicateur « blessures multiples et superflues ou mutila-
tions caractéristiques » concorde avec le phénomène indicateur « haine prouvée ou présumée » ; et tous deux
peuvent encore concorder avec d'autres faits indicateurs

tels que : menaces de mort faites par l'inculpé à l'assassiné, caractère vindicatif de celui-là, trouvaille sur le lieu du crime d'une arme lui appartenant ; en tout, cinq indices concordants. Dans l'œuvre de Lopez Moreno (p. 251) on trouve un cas qui peut également servir d'exemple d'accord entre les faits : « *a*, d'après ce que démontrent certains indices, doit être l'auteur de tel ou tel délit commis tel ou tel jour. Il se trouve que ce jour là *a* n'a pas été à la fabrique où il travaillait. Cette abstention... coïncidant avec les autres indices vient les corroborer. »

VI. — Arrivons maintenant aux effets de cette concordance. Pourquoi divers indices concordants prennent-ils individuellement une valeur supérieure, de telle sorte que le résultat est exprimé par le produit et non par la simple addition de leurs valeurs isolées ? En d'autres termes, pourquoi les indices concordants se « corroborent-ils », se « confirment-ils » réciproquement, de manière à faire naître dans l'esprit la croyance à la réalité du fait indiqué par eux ?

A notre avis cela est dû simplement à l'un des caractères propres au hasard, comme nous l'avons expliqué précédemment. Ce caractère n'est autre que la rareté, la grande improbabilité de la rencontre de plusieurs séries phénoménales très distantes les unes des autres. Que le hasard ou une main occulte réunisse deux ou trois faits indicateurs qui désignent quelqu'un comme l'auteur d'un délit, cela peut, à la rigueur, advenir ; mais que les faits indicateurs soient combinés d'une façon parfaite, avec un ajustement complet, cela est très improbable, presque invraisemblable. Ainsi, qu'un individu soit tué précisément avec l'arme de celui qui le haïssait, qu'en même temps celui-ci soit de caractère vindicatif (la haine et la vengeance ne vont pas toujours ensemble) et qu'il appartienne en groupe peu nombreux des gens qui, ayant menacé, mettent à exécution leurs menaces, ce sont déjà là trois faits indicateurs qui, pleinement vérifiés, permettront de supposer que le sujet indiqué par eux comme meurtrier à titre présomptif peut l'être réellement.

Si l'on y prend bien garde, cet accord, cet ajustement parfait des faits indicateurs constitue, en quelque sorte, un fait nouveau, dont l'apparition a pour conséquence de renforcer dans notre esprit la valeur que nous avons assignée aux faits indicateurs en les étudiant un à un, avant de les combiner en une synthèse.

VII. — Et, de même que cet ajustement, cet accord des faits augmente leur valeur individuelle respective, de même il est certain que leur désaccord aurait pour effet de diminuer leur valeur et, probablement, de les détruire en tant qu'indices ou, tout au moins, de suggérer le doute sur la réalité du fait qu'ils attestaient. Nous avions raison de dire plus haut que l'accord ou ajustement des faits constitue une nouvelle pierre de touche pour apprécier l'exactitude ou la valeur des indices, ainsi que pour exclure la probabilité de l'intervention du hasard ou de la falsification de la preuve. En effet non seulement le désaccord total des indices, mais même la simple discordance d'un seul indice bien vérifié suffirait à provoquer des doutes et à faire soupçonner l'action du hasard ou une falsification de la preuve. Ainsi dans le dernier exemple de Lopez Moreno il suffirait qu'on prouvât que le jour du crime *a* a été à la fabrique où il travaillait pour que l'accord des faits disparût et pour que, par conséquent, tout le système des indices qui désignaient *a* comme l'auteur du crime s'écroulât par la base.

Une observation, pour conclure. La méthode statistique, qui est, elle aussi, un procédé composé à la manière de la méthode reconstructive que nous étudions, fonde ses inférences et ses conclusions sur le « principe de compensation », ainsi nommé par le philosophe Cournot qui a démontré ses causes et ses effets. Dans un sens analogue nous dirons que la méthode reconstructive et, par conséquent, les sciences auxquelles elle s'applique et parmi lesquelles figure la critologie ou science de la preuve, appuient leurs affirmations et leurs certitudes sur un principe que nous appellerons « principe de confirmation » ; de ce principe la concordance ou accord et la concurrence ou convergence, considérées en tant que causes, ne sont que des manifestations.

SEIZIÈME LEÇON

CONDITIONS DE LA PREUVE PAR CONCOURS D'INDICES

I. — Diverses classes de conditions.
II. — Conditions relatives : aux indices.
III. — A la combinaison des indices.
IV. — A la combinaison des raisonnements sur les indices ; aux
conclusions.

I. — Les analyses et commentaires détaillés auxquels
nous avons procédé dans les leçons précédentes nous ont
facilité la tâche que nous allons entreprendre maintenant
et qui consiste à fixer les conditions nécessaires et suffisantes pour qu'il y ait preuve par concours d'indices. Ces
conditions se rapportent :

a) Aux indices ou faits indicateurs ;

b) A la combinaison ou système des indices ;

c) A la combinaison des raisonnements sur les indices ;

d) A la conclusion de ces raisonnements.

II. — *a*) 1° Les indices doivent être d'abord vérifiés, et
cette vérification doit se faire au moyen de preuves directes, ce qui n'empêche pas que la preuve puisse être
composée, si l'on utilise des preuves directes imparfaites,
autrement dit, dont chacune est à elle seule insuffisante
pour constituer une preuve pleine et entière.

2° Les indices doivent avoir été soumis à une analyse critique destinée à les examiner, à les préciser et à les évaluer ; ils sortent de cette analyse, sinon avec une valeur numérique, du moins avec une étiquette les qualifiant de graves, moyens ou légers. Sur la question de savoir si ces derniers doivent être pris en considération les auteurs diffèrent, car tandis que les uns les rejettent, les autres, comme Bentham, soutiennent qu'on ne doit dédaigner aucun indice, si léger soit-il, dans la computation finale des indices. Telle est aussi notre opinion.

3° Enfin les indices doivent être indépendants, en plusieurs sens. Premièrement, en ce sens qu'on ne doit pas compter comme indices distincts ceux qui ont une même origine par rapport à la preuve. En second lieu, on ne doit pas non plus considérer comme différents ceux qui représentent des moments ou des parties successives d'un seul et même événement ou fait accessoire. Framarino donne sur ce point l'exemple suivant : « Quelqu'un a vu Titius sortir de chez lui précipitamment ; un autre l'a vu traverser une place en courant ; un autre enfin l'a vu prendre une voiture et disparaître ainsi. Ces trois déclarations ne servent qu'à faire foi d'un seul fait indicateur, la fuite ; et ce fait, quand même il serait prouvé de mille manières, ne pourrait jamais constituer qu'un seul indice ». Je ne fais pas de difficulté de souscrire à l'assertion de Framarino. Néanmoins, je ferai remarquer que, s'il est vrai qu'il n'y a pas dans ces trois faits trois indices distincts, mais un seul, d'autre part, ils se corroborent entre eux, ce qui peut avoir son importance. Si ces trois faits sont bien prouvés, il est évident qu'ils donnent plus de force à l'affirmation de la fuite de Titius, et cela n'est pas indifférent, car peut-être Titius a-t-il essayé de se créer un alibi en faisant croire qu'il n'est pas sorti de sa maison ou qu'il se trouvait en un point éloigné du crime.

III. — *b*) 4° Il faut que les indices soient multiples, quand ils ne peuvent donner lieu à des déductions concluantes en tant que fondées sur des lois naturelles qui n'admettent pas d'exceptions.

Les opinions des auteurs sont également diverses, en ce qui regarde cette condition. Les uns, comme Lopez Moreno, croient que jamais un seul fait ne conduit par le raisonnement à la certitude absolue (p. 254) et exigent, par suite, qu'il y ait au moins deux indices concurrents et graves pour faire preuve d'une chose (p. 258). Dans certaines législations ce minimum d'indices nécessaires pour faire preuve est fixé au chiffre de trois. En face de ces opinions et de celle de Mittermaier qui pense que, quant au nombre, le seul principe admissible est qu'il doit y avoir concours de plusieurs indices, on trouve l'avis d'autres auteurs, notamment de Bonnier (*op. cit.*, II, 369), d'après lequel un seul indice peut être décisif en certains cas, sans qu'il soit donné d'explications pour préciser cette assertion.

Le principe que nous avons établi est clair, et il ne peut subsister aucune espèce de doute après les considérations et les développements dans lesquels nous sommes entrés dans notre onzième leçon ; nous y avons montré qu'il y a des cas où la déduction est concluante, où il n'y a pas la moindre incertitude dans la conclusion de l'inférence indiciaire. Lorsqu'il s'agit de cette catégorie d'indices que nous avons qualifiés de véhéments et que quelques auteurs appellent nécessaires (Framarino, *Op. cit.*, I, 271. Ellero, *op. cit.*, 102 et 163), il suffit donc qu'il y en ait un pour établir un fait avec certitude. Quand les indices n'ont pas ce caractère, il faut que plusieurs concourent pour déterminer la certitude, mais on ne peut rationnellement s'arrêter à un chiffre minimum quelconque, considéré comme nécessaire et suffisant pour justifier la conviction. Ce chiffre varie suivant les circonstances de chaque cas, c'est-à-dire suivant la force ou le poids des indices qui entrent dans la combinaison. La règle applicable sur ce point est la même que nous avons formulée au sujet des témoins : les indices doivent être pesés plutôt que comptés ; et la meilleure preuve, c'est qu'un seul indice infirmatif, *l'alibi* ou négation de lieu, détruit complétement tout un système d'indices graves, précis, concordants, y en eût-il cinq et même davantage.

Il faut que les indices soient concordants, c'est-à-dire qu'ils s'assemblent entre eux de manière à produire un tout cohérent et naturel, dans lequel chaque fait indicateur prenne sa place exacte quant au temps, au lieu et aux autres circonstances, comme nous l'avons déjà clairement vu au chapitre XV.

IV. — *c)* 5° Il faut que les raisonnements sur les indices soient convergents, c'est-à-dire que, en les réunissant, ils ne puissent mener à des conclusions diverses. Cette exigence a été aussi exposée avec netteté dans le chapitre XV.

V. — *d)* 7° Il faut que les conclusions soient immédiates. Nous entendons par là qu'il ne doit pas être nécessaire, pour y parvenir, de passer par une chaîne de syllogismes, par ce que les logiciens appellent un sorite.

8° Il faut que les conclusions excluent l'hypothèse de l'action probable du hasard ou de la falsification de la preuve. La conviction du juge quant à la réalité du fait indiqué par les indices doit être telle qu'elle ne laisse place à aucun doute, comme l'établissent les juristes experts en procédure (Mittermaier, *op. cit.*, p. 404. — Framarino, *Op. cit.*, I, 271).

DIX-SEPTIÈME LEÇON

I. — Nature des présomptions légales ; opinions contradictoires.
II. — Thèse de Bélime ; réfutation.
III. — Toute présomption a trait à la preuve.
IV. — Division des présomptions légales. Exemples.
V. — Théorie du professeur.

1. — Nous n'aurions pas une idée complète de la preuve par indices, si nous n'abordions l'étude d'une autre question au sujet de laquelle règne aussi une grande variété d'opinions et confusion d'idées chez les auteurs. Il s'agit de déterminer quelle est la véritable nature de ce qu'on appelle « les présomptions légales », quel fondement et quels effets elles ont. Tel sera l'objet de la présente leçon.

On sait que la loi, tant la loi civile que la loi criminelle, crée ou établit des présomptions dites *légales*, parce qu'elles sont reconnues et spécifiées dans la législation, auxquelles on oppose généralement, à un certain point de vue, les présomptions du juge ou *judiciaires*, parce que c'est le juge qui les crée et les emploie, ou les présomptions *humaines* (*hominis*) parce qu'elles se sont formées dans l'esprit du juge comme elles se seraient formées dans l'esprit d'un particulier quelconque.

En quoi consistent et que signifient les présomptions dites légales? Voilà une question sur laquelle les auteurs de traités ne se sont pas encore complètement mis d'accord, car il existe chez eux deux opinions contradictoires. L'une, c'est que les présomptions légales sont de véritables preuves ou moyens de preuve (Garçonnet, Lopez Moreno, Lessona). Suivant d'autres, ce sont de simples faits qui servent de fondement à des droits conférés ou refusés par la loi (Bélime, *Philosophie du droit*, tome II, p. 611).

II. — Cet écrivain, développant sa thèse, dit qu'une preuve est un fait démontrant l'existence d'un autre fait et que, par conséquent, quand la loi, par exemple, présume que les enfants conçus pendant le mariage ont le mari pour père, elle ne déclare pas, à proprement parler, que ce fait est prouvé, car l'enfant peut être adultérin ; mais l'enfant est légitime, parce que la loi, fondée sur des raisons d'ordre public, l'a voulu ainsi. On peut en dire autant, suivant le même auteur, relativement au principe de l'autorité de la chose jugée ou présomption légale de vérité, comme on l'appelle parfois. La chose jugée est si loin de revêtir le caractère d'un fait prouvé que, comme on sait, elle n'est valable qu'à l'égard des parties qui ont figuré au procès. Or un fait ne peut pas exister pour telle ou telle personne et ne pas exister pour une autre. Donc, conclut Bélime, les présomptions légales ne sont pas des preuves ou des moyens de preuves établis par la loi, mais des faits sur lesquels la loi se base, au nom de motifs d'ordre public, pour déclarer acquis ou perdus certains droits.

Pour nous les deux opinions sont erronées, parce qu'exclusives. Loin de se contredire entre elles, elles peuvent, au contraire, se concilier parfaitement. Pour dissiper tout d'abord les doutes de Belime, il suffit de rappeler la distinction que font tous les auteurs et que nous avons expliquée dans notre cinquième leçon, entre la vérité formelle et la vérité matérielle. Si l'on a présenté à l'esprit cette distinction, on peut, à notre sens, passer outre à l'objection de Bélime, à savoir que la présomption n'est pas une preuve, parce que le fait indiqué par elle peut ne pas exister en réalité.

III. — Ceci posé, remarquons que tous les préceptes répandus dans les codes et qui créent des présomptions sont relatifs à la preuve, sont des règles imposant un moyen de preuve déterminé, la preuve par indices, et exonérant une des parties de l'obligation de prouver tout autre fait que le fait indicateur allégué par elle pour fonder son droit, rejetant sur l'adversaire la charge de prouver l'inexistence du fait décisif ou lui déniant la faculté de recourir à une preuve quelconque pour démontrer cette inexistence. Qu'est-ce qu'une présomption légale, qu'elle soit *juris et de jure* ou qu'elle soit *juris tantum ?* Ce n'est pas autre chose qu'une règle légale qui ordonne de tenir pour établi un fait, du moment qu'un autre fait, indicateur de celui-ci, a été suffisamment prouvé. De sorte qu'une présomption quelconque ne représente pas autre chose qu'une preuve par indices imposée par le législateur pour la mise en évidence judiciaire de certains faits, sous cette réserve, toutefois, qu'en pareil cas un seul fait indicateur, un seul indice est considéré comme nécessaire et suffisant pour établir le bien-fondé du point décisif du procès.

IV. — Pour imposer ce moyen de preuve unique, le législateur s'appuie évidemment sur l'existence de quelque loi naturelle que l'observation de la réalité a révélée. L'expérience enseigne que, étant donné un fait ou indice, un autre fait lié à celui-là doit être tenu ou supposé comme arrivé. Nous disons : tenu ou simplement supposé ; c'est dans cette distinction, dans cette alternative que la loi fait résider la différence entre les présomptions dites *juris et de jure* et les présomptions dites *juris tantum*.

Il y a des cas où le fait principal ou indiqué doit être tenu pour existant et arrivé, dès lors que le fait indicateur a été prouvé, sans qu'il soit loisible à celui à qui cette conséquence porte tort de démontrer la non-existence du fait indiqué. En ces cas la présomption créée et imposée par la loi est celle qu'on nomme *juris et de jure* ; elle repose d'ordinaire sur quelque loi naturelle, générale et constante. Telles sont, par exemple, les présomptions relatives à la date de conception des enfants, date que la loi estime liée à celle de la naissance par des lois biologiques permanentes et inflexibles (V. art. 240 à 244 du Code civil argentin). Quelquefois, cependant elles sont basées sur des lois naturelles qui souffrent exception, mais qu'il est indispensable de tenir pour générales et inflexibles, parce qu'ainsi l'exigent les nécessités sociales, l'ordre public : ainsi la présomption de la certitude de toutes les sentences rendues en justice ou principe de l'autorité de la chose jugée est basée sur cette loi empirique : la plupart des sentences sont justes et certaines. Il y a sans doute des jugements erronés, puisque *errere humanum est* ; mais l'ordre public exige impérieusement que tous les jugements dûment rendus soient considérés comme certains et, par conséquent, inébranlables.

A côté de ces présomptions il y a celles appelées *juris tantum* ou simplement *juris*, comme celle que crée l'article 245 du Code civil argentin, à savoir que l'enfant conçu durant le mariage a le mari pour père. Cette présomption est basée sur ce que, dans le cours ordinaire de la vie, la vertu des femmes est la règle et le vice l'exception, d'où il résulte que la majorité des enfants conçus durant le mariage ont été engendrés par le mari et que le mariage avec la mère de l'enfant rend suffisamment vraisemblable la paternité légitime. Mais comme en ce cas il n'y a pas de raisons sociales ou morales pour interdire à l'époux de dénier sa paternité, et qu'au contraire l'ordre public et l'honnêteté des mœurs exigent qu'on accorde à chaque conjoint le droit d'établir l'adultère de l'autre, la loi admet que la présomption créée par elle peut être détruite par une preuve contraire, que la présomption doit céder devant la réalité.

Les jurisconsultes anglais ont adopté deux vocables qui expriment admirablement la différence entre ces deux sortes de présomptions, dont la dénomination courante et barbare vient du bas-latin ; ils appellent les dernières « disputables », c'est-à-dire discutables, pouvant être mises en doute par les parties et faire l'objet de discussion et de vérification dans les jugements. et les premières « conclusives », c'est-à-dire péremptoires, impératives, devant être tenues pour des vérités indiscutables, non sujettes à la critique.

V. — On s'explique difficilement comment Bélime n'a pas aperçu que les présomptions légales ont trait à la preuve. Si l'on examine les textes qui les édictent, on remarque que tous commandent de tenir pour certain un fait, chaque fois qu'un autre fait, rattaché à celui-là par quelque loi naturelle, a été vérifié judiciairement. Ainsi il est péremptoirement ordonné de considérer que la conception a eu lieu dans l'intervalle compris entre le 300ᵉ et le 180ᵉ jours antérieurs à la naissance. Eh bien! que signifie cette volonté de donner comme prouvé un fait, chaque fois qu'un autre fait corrélatif a été mis en évidence dans le jugement? Elle signifie simplement la volonté d'imposer la preuve par indices et d'obliger le juge à déclarer la certitude d'un fait au nom d'un seul indice. On a donc toutes raisons d'affirmer que les présomptions légales constituent, avant tout, des préceptes qui ont trait à la preuve et, plus encore, à la preuve par indices, ajouterons-nous pour notre part, encore que ces préceptes soient généralement contenus dans des lois de fond.

Mais (et en ceci Bélime a raison) les présomptions légales ne sont pas de simples dispositions du caractère adjectif, comme dirait Bentham ; car le législateur, en les édictant, poursuit, en outre, une fin autre que l'institution des moyens de prouver les faits en justice ; et cette fin, c'est tout simplement de reconnaître ou de déclarer des droits et d'imposer des obligations. Dans ce qu'on nomme les présomptions légales la loi ne se borne pas à prescrire la façon ou à indiquer le moyen de prouver judiciairement un fait, mais en même temps elle fait découler de celui-ci des effets juridiques déterminés. Ainsi le fait quela conception de l'enfant est toujours considérée comme ayant eu lieu dans les 120 premiers jours des 300 qui précèdent la naissance entraîne [des conclusions juridiques importantes ; il se trouve, selon le cas, que l'enfant est ou non légitime et, par conséquent, qu'il jouit ou non de tels ou tels droits, qu'il participe ou non à tel ou tel héritage. Supposons par exemple qu'une femme veuve ait un enfant plus de 300 jours après la mort du mari ; quelle serait la condition de cet enfant? Il serait naturel, si la mère ne s'est pas remariée. Si la mère a contracté un nouveau mariage et si l'enfant est né non pas plus, mais moins de 300 jours après le décès du premier mari, l'enfant sera légitime, et il sera l'enfant soit du premier, soit du second mari, selon les circonstances (Art. 275 à 278).

Il résulte de là que les présomptions légales sont, en même temps que des préceptes adjectifs, des dispositions substantielles, qu'elles délinissent des droits et des obligations ou des états des personnes qui entraînent des droits et des obligations. Simultanément elles règlent la façon de faire valoir des droits en justice et indiquent le moyen de prouver ceux-ci devant les tribunaux. De sorte que, en vertu de ce double objet, de ce double contenu des présomptions légales, on peut dire que celles-ci sont des dispositions *hybrides*, lois de fond et de forme tout à la fois ; cette particularité, non signalée jusqu'ici par les auteurs, explique les confusions et les divergences de ceux-ci dans leurs définitions ; et on comprend facilement aussi pourquoi ces dispositions se trouvent presque toujours incorporées à des lois de fond.

Le législateur emploie différentes formules pour établir des présomptions légales. Parfois il exprime formellement la présomption en employant des locutions où figure ce vocable. Par exemple : il est présumé que l'enfant conçu pendant le mariage a le mari pour père ; il est présumé que si le père et l'enfant ou le mari et sa femme sont morts ensemble dans une catastrophe, c'est le père ou l'épouse qui est mort le premier. D'autres fois la loi n'emploie pas le mot présomption, tout en en faisant le fondement d'une règle déclarative de droits et obligations ; mais quoique la présomption n'apparaisse pas d'une façon manifeste dans les termes de la loi, ses effets sont les mêmes quant à l'exemption ou à l'interdiction de la preuve. Ainsi le législateur dira : l'ignorance des lois ne sert pas d'excuse (Code civil, art. 20) ; ou bien : l'ignorance des lois ou l'erreur de droit n'empêche jamais les effets légaux des actes licites ni n'excuse la responsabilité des actes illicites (Code civil, art. 957). Ces deux formules ont, au fond, le même sens que si l'on disait : la connaissance des lois est présumée, sans qu'il puisse en aucun cas être prouvé qu'on l'ignorait. De même quand le Code accorde, à titre d'exception péremptoire, l'exception de la chose jugée, ou quand il ordonne d'absoudre le défendeur ou l'accusé en l'absence de preuve suffisante, il emploie des formules pouvant être remplacées par celles-ci : la chose jugée est présumée vraie et juste, sans qu'il soit admis ni de la discuter ni d'en démontrer le contraire ; toute personne est présumée innocente et libre de toute obligation, tant qu'on n'a pas suffisamment prouvé le contraire.

Comme on le voit, la présomption légale, quelle que soit sa forme, qu'elle soit expressément qualifiée comme telle ou se déduise facilement des termes d'un texte qui ne la mentionne pas, consiste toujours, d'une part, dans le fait d'attribuer virtuellement à l'un une prétention, à l'autre une obligation corrélative — ceci et cela en raison d'une loi naturelle ou d'un principe d'ordre public — d'autre part, dans un mandat déterminant, par voie d'autorité, le moyen de faire valoir le droit déclaré et de déterminer la certitude chez le juge. Ainsi se trouve justifiée notre opinion au sujet de la nature des présomptions légales, préceptes hybrides, de fond et de forme à la fois.

DIX-HUITIÈME LEÇON

LA PREUVE PAR INDICES DANS LA LÉGISLATION
ET LA JURISPRUDENCE ARGENTINES

I. — Analyse critique des art. 357 et 358 (paragr. 1 à 7) du Code
de procédure.
II. — Projet de législation de la preuve par indices.
III. — La preuve par indices dans la législation et la jurisprudence civile.

I. — L'étude philosophique réalisée dans les leçons précédentes nous met en mesure de comprendre pleinement
et d'interpréter exactement le droit positif en matière de
preuves par indices. Examinons donc comment le législateur a traduit dans les normes juridiques les principes
rationnels que nous avons formulés et faisons un rapide
commentaire des articles 357 et 358 du Code de procédure
criminelle pour la Capitale, etc., dans lesquels sont définis
les indices et présomptions et déterminées les conditions
de la preuve correspondante.

Art. 357. — Le mot indices est employé, comme nous
l'avons vu, en deux sens différents : celui de faits indicateurs (indiciaires, selon notre terminologie) et celui d'inférences indiciaires. En ce second sens il peut être employé comme équivalent du mot présomption, mais non.

au premier sens, car le mot présomption ne sert pas à désigner des faits, mais des opérations mentales ou des états d'esprit. Or le fait est que l'article que nous commentons veut définir précisément les faits indicateurs ; donc le mot présomption est ici employé à tort ; il est de trop

... ce sont les circonstances et antécédents.

« Antécédents » est inutile ; en disant : circonstances (*circum stare*, être situé autour du fait, avant, pendant ou après), on comprend d'ores et déjà les antécédents. Même sous la forme défectueuse où il est rédigé, cet article s'applique aussi bien aux indices antérieurs que concomitants et postérieurs. Il n'y a donc pas de raison pour exclure ces derniers, comme paraît le faire l'article suivant, § 2.

Art. 358. — *...il faut que ceux-ci réunissent.*

L'article a pour but de fixer toutes les conditions nécessaires et suffisantes pour qu'il soit fait pleinement preuve par présomptions ou indices et non pas seulement les conditions « de ceux-ci », c'est-à-dire des présomptions ou indices. Ainsi le § 1er pose comme condition que le délit soit constaté au moyen de preuves directes et immédiates. Par conséquent, la phrase devait être ainsi conçue : *il faut que l'on réunisse.*

Art. 358, § 1er. — *Des preuves directes et immédiates.*
Et immédiates est une cheville juridique. Toutes les preuves directes sont immédiates.

§ 2. — *Que les indices et présomptions soient au nombre de plusieurs.* Un seul suffit, quand il donne lieu à une déduction concluante, en tant que fondée sur des lois naturelles qui ne souffrent pas d'exception. Le paragraphe devait indiquer cette différence.

... réunissent tout au moins le caractère d'antérieurs au fait ou concomitants à celui-ci... On comprend bien que le mot *réunissent*, quoiqu'il se rapporte grammaticalement, d'après la rédaction du texte, tant aux indices qu'aux présomptions, ne peut, en réalité, s'appliquer qu'aux premiers, puisque les présomptions, c'est-à-dire les inférences, ne peuvent jamais être que postérieures au fait envisagé.

Quant aux indices, il est vrai, qu'on a l'habitude de les classer, dans les traités, en antérieurs, concomitants et postérieurs au fait, c'est-à-dire au délit. Nous n'avons pas fait cas de cette classification, car, à notre avis, elle n'a pas de valeur scientifique et ne se traduit en aucun résultat pratique servant à préciser ou à évaluer les indices ou à donner idée de leur gravité. Celle-ci ne dépend pas du fait que l'indice est antérieur, concomitant ou postérieur, mais d'autres causes, nous l'avons vu. D'autre part, qu'entend-on par indices antérieurs, concomitants ou postérieurs? Mittermaier, qui partage notre opinion au sujet de l'inutilité de cette classification, « quand il s'agit de mesurer la valeur légitime, la force probante des indices » (*op. cit.*, p. 369) remarque que ces termes n'ont pas le même sens chez tous les auteurs (*Id. ibid.* note 5).

La vérité est que l'idée est difficile à définir. Il semble rationnel de prendre en considération le moment où s'est produit le fait et le moment où l'indice est né ou a débuté. La comparaison de ces deux moments ferait apparaître l'indice comme antérieur, concomitant ou postérieur (en ce sens, Lopez Moreno, *op. cit.*, p. 151). Mais en ce cas on doit remarquer qu'un indice, antérieur tout simplement parce qu'il l'est, si l'on peut dire, ne peut pas être en même temps concomitant ou postérieur, autrement, il faudrait admettre qu'il est né à deux moments différents, ce qui est absurde. Si donc on déclare qu'un indice peut réunir à la fois deux ou trois des caractères précités, il faut donner un autre sens à ces notions. Par exemple un indice serait antérieur, concomitant et postérieur quand, étant né avant le fait, il aurait continué à exister pendant et après la réalisation du délit : la haine serait un exemple à citer.

Ceci posé, abordons l'interprétation du paragraphe.

Quoique la conjonction copulative paraisse dénoter que l'idée est d'exiger les deux caractères, antériorité et concomitance, l'intention n'a pas dû être celle-là, à notre avis. Sinon, on aurait rendu impossible l'explication de la preuve par indices, puisque, comme nous l'avons vu, les indices rarement peuvent être en même temps antérieurs et concomitants et que ceux qui le sont ne sont pas toujours ceux qui ont le plus de force probante.

La rédaction du paragraphe exclut les indices postérieurs sans qu'il y ait de raison pour cela, car ceux-ci sont nombreux, précieux et d'un emploi très général dans la preuve. Ce que nous affirmons là est si vrai que la jurisprudence de nos tribunaux a passé outre à cette exclusion indue, en comptant les indices postérieurs au même titre que les indices antérieurs et concomitants. Exemple : « Les contradictions dans lesquelles tombe l'inculpé sont des présomptions véhémentes de sa culpabilité ». (Chambre criminelle, t. VII, p. 350).

On a tenté, parfois, dans les tribunaux, de légitimer le précepte du Code en expliquant « qu'il ne s'agit pas pour cela de repousser les présomptions tirées de faits postérieurs, lesquelles peuvent être prises en considération comme corroborantes ; mais il faut que ces indices, au nombre de *plusieurs*, sur lesquels doit se fonder la preuve, soient antérieurs et concomitants, comme dit l'article » (*Jugements de la Chambre criminelle* t. LVI, p. 72). Une telle interprétation a le tort d'être gratuite et sophistique. C'est une pure subtilité que de dire que les indices postérieurs seront admis en tant que *corroborants* et non en tant qu'indices tout simplement, alors qu'en fait tous ont ce caractère, tous doivent se corroborer dans la preuve par concours d'indices, faute de quoi il n'y a pas de preuve. La vérité est que la loi les omet, au sens littéral du mot, c'est-à-dire que, si l'on ne suppose pas qu'il y a eu erreur ou oubli, on doit conclure qu'ils sont exclus, auquel cas ils n'ont pas le droit d'entrer en ligne dans la computation des indices, pas même à titre de corroboration.

§ 3. — *Qu'ils soient en relation avec le fait primordial*. Quel est le fait primordial ? Le délit, établi par des preuves directes. Alors le paragraphe est superflu, car il ne fait que répéter ce qui a été dit à l'art. 357. Que seraient des indices qui ne seraient pas en relation avec le fait primordial ?

§ 4. — *Qu'ils ne soient pas équivoques, c'est-à-dire que tous réunis ne puissent conduire à des conclusions diverses*. Mauvaise rédaction ; il fallait dire : qu'ils soient convergents. L'équivoque est un caractère individuel, et non collectif, des indices. Un indice équivoque, c'est-à-dire susceptible de conduire à deux conclusions opposées, peut nonobstant être légitimement utilisé dans la preuve par concours d'indices. Plusieurs indices équivoques qui se confirment mènent souvent à la certitude.

§ 5. — Qu'ils soient directs, de telle sorte *qu'ils conduisent logiquement et naturellement* au fait dont il est question. L'explication du sens du mot direct ne peut pas être pire. Ce qu'on exige en parlant d'indices directs, c'est qu'ils conduisent à la conclusion cherchée, au fait envisagé, immédiatement et non à travers une série de syllogismes enchaînés entre eux, un sorite, comme les logiciens appellent ce genre de raisonnements. Au lieu de dire *logiquement et naturellement* il fallait donc dire *immédiatement*, car dans un sorite l'esprit va vers la conclusion aussi logiquement et naturellement que dans une déduction simple.

§ 6. — Qu'ils soient concordants les uns avec les autres, de sorte *qu'ils aient une intime connexion entre eux* et se relient sans effort, du point de départ jusqu'à la fin cherchée. Le paragraphe semble exiger comme une condition la concordance des indices, c'est-à-dire l'accord des faits indicateurs ou accessoires. Et, comme dans les cas précédents, la loi ne se contente pas de stipuler la condition ; pour plus de clarté elle veut la définir, expliquer en quoi elle consiste. Mais ici encore l'intention reste vaine. Dire que les indices concordants sont ceux qui ont une intime connexion entre eux ou ceux qui se relient sans effort, c'est dire la même chose en termes presque analogues, sans ajouter aucune idée qui éclaire ou précise le mot à définir. Pour nous il est parfaitement possible de fournir une explication compréhensible et exacte : la concordance des indices ou accord des faits indicateurs existe toutes les fois que ceux-ci s'assemblent bien entre eux, prennent la place voulue dans le temps et l'espace et forment un tout harmonieux, cohérent, naturel, conforme aux lois physiques, psychiques et sociologiques.

§ 7. — Qu'ils se fondent sur des faits *réels* et prouvés,

jamais sur d'autres présomptions ou indices. Le mot *réels* est impropre. Supposons, en effet, que d'une façon quelconque un fait indicateur soit pleinement prouvé. Comment, au nom de quel critérium, affirmerait-on que le fait prouvé n'est pas réel ? On aurait indubitablement une pierre de touche pour reconnaître ou, plus exactement, pour présumer la réalité ou l'irréalité du fait ; cette pierre de touche serait sa vraisemblance ou son invraisemblance. Tel est donc le mot que le législateur devait employer au lieu de celui dont il s'est servi. En outre à : *prouvés*, il fallait ajouter : par preuves directes, et supprimer comme inutiles les mots : jamais par d'autres présomptions ou indices. Le paragraphe serait donc ainsi conçu : « qu'ils se fondent sur des faits vraisemblables et prouvés par preuves directes ».

Notons également que dans ce paragraphe le mot : indices est employé au sens d'inférences indiciaires, tandis que dans le précédent il a été pris au sens de : faits indicateurs. C'est un défaut de plus dans la rédaction de la loi qui ne doit jamais faire usage de termes ambigus.

II. — En prenant comme base les observations ci-dessus, on pourrait rédiger comme suit les articles en question qui règlent la preuve par indices.

Art. 357. — On entend par indices, en matière criminelle, tous les faits ou circonstances qui, en vertu de relations nécessaires dérivées de la nature des choses, peuvent mener, par voie de raisonnement, à la reconstruction d'un fait délictueux, à la connaissance de sa nature, de ses auteurs, de ses mobiles, de ses effets et de ses autres particularités.

Art. 358. — Pour que la preuve soit pleinement faite

par le moyen des indices, il faut que les conditions suivantes soient réunies :

a) Quant au fait à reconstruire ou à examiner :

1° Que l'existence du délit soit constatée au moyen
d'une preuve directe, alors même que celle-ci serait
composée.

b) Quant aux indices ou faits indicateurs :

2° Qu'ils se trouvent également prouvés par preuve directe.

3° Qu'ils soient graves et précis et qu'ils soient au
nombre de plusieurs, quand ils ne peuvent pas donner
lieu à des déductions concluantes en tant que fondées sur
des lois naturelles qui ne souffrent pas d'exception.

4° Qu'ils soient indépendants entre eux, c'est-à-dire
qu'ils ne constituent pas des moments successifs d'un
seul et même événement ou fait accessoire et qu'ils
n'aient pas la même origine quant à ce qu'ils prouvent.

5° Qu'ils soient concordants, c'est-à-dire qu'ils s'accordent et se coordonnent entre eux, de manière à produire
un tout naturel, logique et cohérent.

c) Quant aux inférences indiciaires :

6° Qu'elles soient convergentes, c'est-à-dire que toutes
réunies ne puissent conduire à des conclusions diverses.

d) Quant aux conclusions :

7° Qu'elles soient immédiates ou, ce qui revient au
même, qu'il ne soit pas nécessaire de passer, pour y parvenir, par une série de raisonnements enchaînés entre eux.

8° Qu'elles soient vraisemblables et excluent toutes les
hypothèses infirmatives, particulièrement l'action du
hasard et de la falsification de la preuve.

III. — Abordons maintenant l'étude de la preuve par indices dans la législation et la jurisprudence civile, et commen-

çons par faire observer que les présomptions légales sont une chose et que la preuve par indices en est une autre. Celles-là ne sont qu'une manifestation particulière de celle-ci, si bien que dans une législation déterminée il peut parfaitement y avoir des présomptions légales sans qu'on admette la preuve par indices ; le législateur pourrait créer certaines présomptions, qui ne signifient pas autre chose, nous le savons, que l'acte d'imposer impérativement la preuve par indices en certains cas déterminés et, en même temps, prohiber qu'on employât la preuve par indices en vue de juger des contrats ou des cas de nature civile. Il ne faut donc pas confondre l'un avec l'autre, comme le font généralement les auteurs ; et on peut parfaitement, après avoir reconnu l'existence de diverses présomptions légales dans les domaines du droit civil, se demander si la preuve par indices est admissible en matière civile et dans quels cas ; cette demande est d'autant plus justifiée que notre Code de procédure civile et commerciale ne contient aucune disposition relative à la preuve par indices.

Pour nous la réponse, nonobstant ce silence gardé par la loi, ne peut faire aucun doute. Les indices, comme preuves des contrats, sont expressément admis par la législation civile et sont applicables au droit commercial, comme le déterminent l'art. 1190 du Code civil et l'art. 208 du Code de commerce. Il y a également quelques autres dispositions de la loi civile où l'emploi de cette preuve est autorisé. Tels, par exemple, l'art. 207 du Code civil et l'art. 70 de la loi du mariage, qui permet dans les jugements de divorce de recourir à toute espèce de preuves, exception faite de l'aveu et du serment des conjoints. Peut-être en est-il de même de la disposition de l'art. 87

du Code civil, suivant laquelle, en cas de manque absolu de preuves quant à l'âge d'une personne, le juge est autorisé à décider d'après l'examen de la physionomie pratiqué par des médecins nommés à cet effet. On pourrait assimiler à ces cas la preuve de la filiation naturelle par la possession d'état, c'est-à-dire la vérification, au moyen de témoignages, documents, etc., d'une série de faits indicatifs de paternité. En ce qui concerne la preuve des contrats, il n'est pas douteux que l'emploi des indices se trouve restreint, puisque la loi civile, comme on le sait, impose pour la célébration de ces contrats des formes et des solennités, faute de quoi ils sont considérés comme non célébrés. Ceci, en thèse générale : car la même loi reconnaît qu'il y a des cas où il est impossible d'obtenir ou de présenter la preuve écrite, comme dans le dépôt nécessaire ou quand l'obligation a été contractée par incidents imprévus. Tant en ce cas (art. 1191, C. civ.) que quand le procès porte sur les vices (erreur, vol, violence, fraude, simulation ou fausseté) des instruments par lesquels serait constaté le contrat, les indices sont admis comme moyens de preuve.

Pour ce qui est de l'emploi de la preuve par indices dans les jugements de divorce, nous avons vu que notre Code l'admet, d'accord en ceci avec l'unanimité des législations. Comment pourrait-on prouver autrement, par exemple, l'existence de relations sexuelles extra-conjugales, fait presque impossible à vérifier par des moyens directs ? Du même genre que les affaires de divorce sont celles qui portent sur la simulation des actes juridiques. Enfin on sait qu'une des meilleures preuves de l'existence d'un contrat est son exécution par les parties, raison pour laquelle le Code civil, à l'art. 1146, établit que le consen-

tement se présume, si l'une des parties a livré et l'autre,
reçu la chose offerte ou demandée, ce qui revient à créer,
une présomption légale. Mais immédiatement après la loi
ajoute que le consentement se présume également, quand
l'une des parties a fait ce qu'elle n'aurait pas fait ou n'a
pas fait ce qu'elle aurait fait si son intention n'eût pas été
d'accepter l'offre ou la proposition, ce qui n'est autre
chose que d'admettre la preuve par indices pour démontrer l'existence ou la non-existence du consentement.

Lopez Moreno éclaire la question par l'exemple suivant
imaginé par lui : « Titius vend à Mévius un cheval par
contrat verbal. Lorsqu'il réclame le prix quelques mois
après, l'acheteur rend le cheval en disant qu'il entendait
que le cheval lui avait été prêté à titre de commodat. Titius observe que le cheval, qui était entier, a été châtré.
Il remarque, en outre, qu'il a été marqué d'une marque
spéciale qui est celle que Mévius applique généralement
à son bétail. Enfin, il prouve que le cheval, qui n'était
dressé qu'à la selle, l'a été à la voiture. Voilà trois faits
différents qui, dûment prouvés, démontrent sans l'ombre
de doute que Mévius, puisqu'il accomplissait des actes
qu'on n'accomplit que quand la chose vous appartient,
considérait le cheval comme sa propriété et que, par conséquent, il l'a reçu par contrat d'achat-vente et non de
commodat. » (*Op. cit.*, p. 327).

On voit donc que nous étions dans le vrai en affirmant
que la preuve par indices est parfaitement admissible en
matière civile. Il est incontestable que son emploi est,
dans une certaine mesure, restreint dans les législations
civile et commerciale, par la tendance marquée des législateurs à pousser les parties à faire les actes juridiques
sous certaines formes déterminées afin de rendre la preuve

de ceux-ci plus facile. Mais des restrictions analogues s'appliquent aux autres genres de preuves : ainsi au témoignage (non admissible dans les contestations supérieures à 200 pesos, à moins qu'il n'y ait commencement de preuve par écrit), aux actes sous seing privé (toutes les fois que la forme authentique est obligatoire), à l'aveu (non accepté dans les affaires de divorce), etc.

Pour conclure, nous dirons que non seulement la preuve par indices est d'un emploi général et précieux en matière civile, mais que même son importance devient parfois si considérable qu'elle peut détruire une preuve directe comme l'existence d'un acte sous seing privé ou même d'un acte authentique. Ainsi la date de vente du papier timbré où est consignée une obligation peut être fixée avec une exactitude rigoureuse dans une certaine période de temps, au moyen des annotations effectuées dans les registres de la comptabilité publique. Et cette date authentique, en quelque sorte, doit l'emporter, en cas de désaccord, sur celle que porte le document, lorsque la comparaison des deux dates fait ressortir avec évidence que celui-ci a été antidaté. En effet, comment aurait-on pu employer un papier timbré avant qu'il fût aux mains des particuliers par achat fait à l'Etat ? L'indice est ici concluant, et ainsi l'ont reconnu nos tribunaux dans un cas soumis à leur décision. La même chose peut advenir pour les actes authentiques : ils peuvent être argués de fausseté, dans un procès civil ou criminel, et détruits par l'effet de la preuve par indices. Il en serait ainsi, si l'on démontrait pleinement que le notaire ou quelque autre personne dont la présence était indispensable pour donner à l'acte sa validité, ne pouvait se trouver sur les lieux au moment où l'acte a été passé.

DIX-NEUVIÈME LEÇON

I. — Ayant terminé l'étude de la preuve par indices, il nous faut tenir la promesse faite dans la dixième leçon. Nous avons dit alors qu'il convenait d'intervertir l'ordre naturel dans l'étude didactique de la preuve, en commençant cette étude par la preuve indirecte, la preuve par indices, les principes de celle-ci étant applicables à chacun des moyens de preuve appelés directs, de sorte qu'en faisant la théorie de la preuve par indices nous faisions en réalité celle de n'importe quelle preuve, celle de la preuve en général et même la méthodologie de toutes les sciences reconstructives. Nous aborderons donc notre tâche en essayant d'appliquer les principes précédemment établis au premier des moyens de preuve qu'examinent généralement dans leurs traités les auteurs qui s'occupent de la procédure : l'aveu.

Comme il a été expliqué à la quatrième leçon, le processus de reconstruction d'un fait passé comprend les étapes ou opérations suivantes : 1° recherche, réunion, description et conservation des traces; 2° observation et étude de celles-ci, personnellement ou avec l'aide d'experts, afin d'apprécier leur valeur respective ; 3° formation d'inférences et d'hypothèses explicatives du fait à reconstruire ; 4° combinaison des inférences et application des principes de confirmation et d'infirmation ; et enfin 5° exclusion des hypothèses contradictoires.

Eh bien ! la preuve par l'aveu consiste en un processus analogue, elle passe par des étapes semblables à celles que nous venons d'énumérer, et elle est régie par les mêmes principes posés par rapport à la preuve par indices, comme nous allons l'expliquer.

Qu'est-ce que l'aveu? C'est la reconnaissance d'une obligation ou du fait d'être intervenu dans un délit en qualité d'auteur, de complice ou de receleur, reconnaissance émanant soit du sujet de l'obligation, soit de l'individu impliqué dans le délit, suivant le cas. Ceci dit, il semblerait à première vue qu'une fois l'aveu effectué, le juge n'a plus qu'à condamner son auteur, en d'autres termes, que l'aveu de la partie, comme on dit souvent, relève ou dispense le magistrat de la nécessité de recourir à toute autre preuve. En effet, on peut supposer d'une part que personne ne sait mieux comment un fait est arrivé que celui qui y intervint en tant qu'acteur, d'autre part, que

Delleplane   8 la déclaration doit être estimée vraie, du moment que celui qui la fait la fait à son détriment et y est vraisemblablement engagé par la voix de sa conscience, comme on dit communément. Toutefois, l'observation de la réalité a démontré que cette supposition ou présomption de vérité de l'aveu n'est pas exacte dans nombre de cas et qu'il existe des confessions qui ne sont pas sincères ou bien qui revêtent un caractère pathologique. Il n'est donc pas possible d'avoir une foi complète dans l'aveu *à l'état brut* si l'on peut dire. En présence d'un aveu quelconque, il n'y a tout au plus qu'un simple soupçon ou, si l'on veut, une présomption de vérité ; ce soupçon ou cette présomption ne pourront se convertir en certitude qu'après une étude analytique et une critique sévère qui donnent la conviction que l'aveu est fait d'une façon sincère et saine.

II. — Tout ce que nous venons de dire s'applique à l'aveu, quelle que soit la nature du fait sur lequel il porte ; mais celle-ci modifie sur bien des points les principes relatifs à ce genre de preuve, et il prend des caractères spéciaux, suivant qu'il s'agit de causes civiles ou de procès criminels. Il convient donc d'étudier séparément l'aveu dans l'un et l'autre cas, en commençant par établir les différences substantielles qu'il présente dans les deux hypothèses.

La plupart de ces différences viennent de ce que le jugement civil a dans une certaine mesure le caractère d'une lutte entre les plaideurs, lutte où les parties disposent de la même liberté d'action et de moyens d'attaque et de défense égaux, de sorte qu'il leur est permis jusqu'à un certain point de recourir à certains artifices et même à certaines coercitions morales pour se forcer à reconnaître totalement ou partiellement l'obligation qu'elles veulent établir en justice. L'usage de ces sortes d'extorsions n'offre aucun péril dans les causes civiles; mais il n'en est, certes, pas de même dans les affaires criminelles.

D'autre part, le juge au civil n'a pas à vérifier si l'aveu est ou non sincère. En effet comme, dans cette classe de jugements, ce n'est pas généralement l'intérêt public qui est en jeu, mais seulement l'intérêt privé, on peut fort bien admettre le principe de désistement en vertu duquel une partie renoncerait légitimement à des droits qui lui appartiennent et que pourtant elle ne veut pas revendiquer. Très différent est le cas d'une affaire criminelle, car la société n'est pas indifférente à ce qu'un innocent soit châtié, le voulût-il lui-même, tandis que le vrai coupable échapperait à la répression. Tels sont les principes qui permettent de s'orienter et de comprendre les modalités spéciales observées dans la législation de l'aveu en tant que moyen de preuve, suivant qu'il s'agit de son emploi en matière civile ou en matière criminelle.

III. — Considérons maintenant les dispositions législatives concernant l'aveu en matière criminelle ; nous remarquerons que les premières sont celles qui se trouvent dans les chapitres de notre Code intitulés : « Du corps du délit », et « De la déposition ». Quelles sont ces dispositions ? C'est toute une série de préceptes ayant trait à la recherche, à la récollection, à la description et à la conservation adéquate des traces qui permettront, comme dans la preuve par indices, la reconstruction du fait en cause. Naturellement les opérations énumérées, tout en restant analogues aux opérations correspondantes dans la preuve par indices, doivent néanmoins s'adapter à la nature spéciale que revêtent les traces dans le cas dont il s'agit. Quelle est cette nature ? Elle est d'ordre psychologique, pour ainsi dire. Les traces consistent en images et représentations mentales, en souvenirs gardés dans la conscience du sujet qui avoue et que le juge arrive à connaître par les manifestations orales ou écrites de celui-ci. Or, pour qu'elles soient valables comme preuve, il faut que les locutions et propositions par lesquelles elles s'expriment et qui ont été enregistrées dans le procès-verbal traduisent fidèlement les images et représentations mentales dont nous venons de parler et, en même temps, qu'elles correspondent à une réalité objective et ne soient pas le résultat d'un état d'illusion ou d'hallucination.

Voyons donc quelles sont ces dispositions. Ce sont d'abord celles qui sont contenues dans les articles 3, 4, 184 § 4, 214, 236, etc., du Code de Procédure criminelle, qui autorisent ou ordonnent la détention ou la comparution devant le juge d'instruction de l'inculpé qui avoue. Viennent ensuite toutes celles comprises sous le titre « De la déposition », qui réglementent minutieusement la manière de réaliser cette opération. Elles prohibent d'employer envers l'inculpé aucune sorte de coercitions ni de menaces et de recourir à des promesses pour l'obliger à avouer (art. 242). On n'exigera même pas de lui le serment ou la promesse de dire la vérité (art. 240). S'il refuse de faire une déclaration, on fera constater simplement son silence ou son refus, sans que cela implique aucune présomption contre lui (art. 239). Dans tous ces préceptes le législateur s'écarte du critérium sur lequel se fondent les règles analogues du droit civil, parce qu'il tient compte de la situation désavantageuse de l'accusé d'un délit, situation certainement bien différente de celle d'un plaideur civil. Cette même attitude respectueuse, pour ainsi dire, envers celui qui n'est qu'un présumé coupable inspire l'article 244, d'après lequel, quand l'examen se prolonge longtemps et que le nombre de questions posées à l'inculpé a été assez considérable pour lui faire perdre la sérénité de jugement nécessaire pour répondre aux autres demandes qu'on a à lui faire, le juge peut suspendre l'examen jusqu'à ce qu'il se soit reposé et ait recouvré le calme.

Après avoir fixé ces conditions personnelles destinées à obtenir un aveu sérieux et, par conséquent, exact, le Code prescrit une série de règles consacrées à établir les procédés par lesquels on devra recueillir et enregistrer dans le dossier, sinon les véritables souvenirs du déclarant, car celui-ci en certains cas déguise le contenu de sa conscience, du moins les images, idées et affirmations qu'il désire présenter comme sa confession. A cet objet répondent les articles 242, 245 et suivants. Il y est statué que les demandes seront toujours claires et précises et ne devront sous aucun prétexte être faites d'une manière captieuse ou suggestive (art. 242), que l'inculpé ne sera pas obligé de répondre précipitamment, que les questions seront répétées toutes les fois qu'il semblera qu'il n'a pas compris, ce qui sera supposé dès lors que la réponse ne concordera pas avec la demande (art. 245). Nous ne suivrons pas point par point le Code à ce sujet. Nous dirons simplement qu'afin d'obtenir toujours une parfaite adéquation entre les affirmations que l'inculpé veut faire et les expressions qu'il emploie et qui demeurent consignées dans les actes, le juge d'instruction, pour recueillir fidèlement les traces, pourra demander le concours d'experts *ad hoc*, si le prévenu n'entend pas la langue nationale (art. 252) ou s'il est sourd-muet et ne sait pas lire et écrire (art. 253).

IV. — Supposons maintenant consignées dans le dossier les affirmations non équivoques par lesquelles le prévenu se reconnaît auteur, complice ou recéleur d'un délit ou d'une tentative délictueuse. Nous avons déjà vu que ces déclarations, pour péremptoires qu'elles soient, ne peuvent être prises, en règle générale, que comme un soupçon ou une présomption de vérité de la chose avouée. A quels moyens recourir afin de transformer cette présomption en certitude ou, au contraire, de la rejeter ? En d'autres termes, quelles sont les conditions nécessaires et suffisantes pour que l'aveu produise les effets légaux d'une preuve parfaite d'un acte punissable ? Pour répondre à ces questions, il faut établir le fondement rationnel de l'aveu ou, si l'on veut, de la croyance ferme à la réalité d'un fait avoué. Le fondement rationnel de l'aveu est analogue à celui de la preuve par indices que nous connaissons. Trois causes, et trois seulement, peuvent expliquer les affirmations par lesquelles le déclarant se reconnaît l'auteur d'un fait délictueux ; ce sont : 1° la folie ou quelque fait anormal ayant des effets analogues ; 2° la non-sincérité du déclarant, motivée par des causes diverses que nous indiquerons plus loin ; 3° la réalité du fait déclaré. Il est évident que, toutes les fois qu'on écartera comme impossibles ou, au moins, comme hautement improbables et invraisemblables les deux premières hypothèses, la dernière restera seule comme explication valable de la déclaration.

Eh bien ! comment est-il possible d'éliminer les deux premières hypothèses pouvant expliquer tout aveu pris à l'état brut en quelque sorte et de transformer la troisième hypothèse en une certitude ?

V. — La méthode à cet effet est la même qu'on suit,

dans une situation semblable, lorsqu'il s'agit de la preuve
par indices, pour éliminer la possibilité de l'intervention
du hasard ou de la falsification de la preuve. De même
qu'en pareil cas il faut soumettre les traces, ou indices à
l'état brut, à une étude analytique et critique destinée à
les vérifier, à les préciser et à les évaluer (ce pour quoi
on doit se rendre compte de toutes les circonstances susceptibles de les infirmer), de même il faut, en présence
d'un aveu, procéder à un examen attentif de tous les caractères du sujet qui avoue, de toutes les circonstances
du délit ou de la déclaration, de tout ce qui peut constituer des indices justifiant des présomptions ou des raisonnements au sujet de l'inexactitude ou de la fausseté
du fait avoué, en lui-même, et de chaque affirmation —
nous disons : de chaque affirmation, car on comprend que
la non-sincérité tout comme l'insanité de l'aveu peut être
totale ou partielle.

VI. — L'étude critique de l'aveu est, on le voit, à base
d'inférences indiciaires. Nous n'avions donc pas tort de
soutenir précédemment que l'inférence indiciaire se trouve
au fond de toutes les preuves directes. L'aveu nous fournit
la confirmation de cette thèse. Ainsi l'aspect du prévenu,
ses antécédents héréditaires et personnels, la cohérence
ou l'incohérence de ses déclarations, son attitude, son
impassibilité alors même qu'il s'agit de délits affreux,
l'absence de mobile raisonnable, etc., constituent autant
d'indices qui mettent le juge d'instruction à même de
soupçonner que les facultés mentales de l'inculpé sont
altérées ou que peut-être il se trouve dans quelqu'un de
ces états de perturbation des sens ou de l'intelligence qui
dispensent de la peine, suivant l'art. 81, § 1er du Code
pénal. Inutile de dire que, toutes les fois qu'il parvient

à observer un des indices relatés, le juge d'instruction est non-seulement autorisé, mais même obligé à décréter l'examen médico-légal nécessaire, permettant d'écarter ou non l'hypothèse d'un aveu équivoque par suite de folie, hallucination, somnambulisme, etc.

VII. — L'autre hypothèse, celle de la fausseté ou non-sincérité de l'aveu est peut-être moins facile à éliminer, car elle exige une analyse psychologique et critique délicate, et les causes qui peuvent intervenir en pareil cas sont nombreuses. Divers motifs ou mobiles sont susceptibles de déterminer l'aveu d'un délit qui, en réalité, n'a pas été commis. Les principaux sont :

1° Le désir de recevoir la mort des mains du bourreau, quand la personne n'a pas le courage de se tuer elle-même ;

2° Une vanité mal entendue, quand il s'agit, par exemple, de délits politiques applaudis et encensés dans certains milieux où fréquente le déclarant ;

3° L'affection filiale, paternelle, conjugale ou fraternelle ;

4° L'intérêt pécuniaire ou un avantage suffisant pour rémunérer le service que le faux déclarant rend au vrai coupable en allant en prison à sa place ;

5° Le désir de cacher un autre délit plus grave, dont la responsabilité se trouve écartée grâce à un alibi ;

6° Le désir de sauver l'honneur d'une femme chez qui on déclare être entré pour commettre un délit, alors qu'on y est entré pour toute autre raison.

Telles sont, succinctement indiquées, les causes générales les plus importantes parmi celles qui peuvent pousser des individus à se déclarer les auteurs de délits qu'ils n'ont pas commis. En les ayant bien présentes à l'esprit et en se rappelant également les caractères personnels de l'individu qui avoue, sa position sociale, les relations d'affection ou d'intérêt qui le lient ou peuvent le lier à d'autres personnes, auteurs possibles ou probables du délit sur lequel on enquête, il est facile d'éliminer ou de confirmer, au moyen d'une analyse et d'une vérification adéquate, l'hypothèse d'un aveu non sincère. Le point de départ de cette analyse consiste à se demander si l'individu qui avoue ne se trouve pas compris dans quelqu'un des cas énumérés; et si de l'examen il résulte que quelqu'un des mobiles ou motifs en question a pu agir sur lui, la tâche du juge sera de rechercher et de préciser le degré d'exactitude du soupçon conçu par lui.

VIII. — La déclaration faite à titre d'aveu représente une reconstruction plus ou moins complète du fait délictueux composée d'une série d'affirmations particulières qui, soit en bloc, soit une à une, ont été évaluées au point de vue de leur normalité et de leur sincérité grâce à l'étude critique que nous venons de décrire. Une nouvelle pierre de touche pour vérifier les conclusions de cette étude se trouve dans la comparaison des affirmations entre elles, faisant ressortir leur accord ou leur désaccord. C'est ce dernier qu'on exprime en disant que le déclarant « se contredit », ce qui, évidemment, implique que l'une des affirmations discordantes ou les deux sont insensées ou non-sincères.

Cet accord ou désaccord entre les affirmations particulières en lesquelles se décompose l'aveu à l'analyse n'est pas autre chose, en fin de compte, que l'accord ou désaccord entre les faits, étudié plus haut à propos de la preuve par indices, sous le nom de principe de concordance.

Pour comprendre la similitude des deux cas, il suffit de

penser que chaque affirmation particulière dans l'aveu se rapporte à l'existence d'un fait, de sorte que comparer des affirmations ou comparer des faits devient, au fond, chose identique.

Enfin — et toujours dans des conditions semblables et en vertu de raisons analogues à celles que nous avons déjà indiquées au sujet de la preuve par indices — il y a encore deux autres critères qui permettent de contrôler les conclusions de l'étude analytique et critique de l'aveu. Les résultats de celle-ci doivent être également en harmonie, d'une part, avec ce que démontrent d'autres éléments de jugement accumulés dans le procès, d'autre part, avec les lois naturelles établies par la science ou fondées sur l'expérience des hommes (principe de vraisemblance). Et, en conclusion, on peut faire au sujet de l'aveu, la même déclaration qu'au sujet de tout autre moyen de preuve : il ne saurait être tenu pour concluant que lorsqu'on a « recherché toutes les suppositions infirmatives et conclu à leur improbabilité » (Lopez Moreno, *op. cit.*, p. 270), de sorte qu'il ne reste dans l'esprit à son égard « aucun doute raisonnable » (Framarino, *op. cit.*, I, 276 ; Mittermaier, *op. cit.*, 385, 404, 410, etc.)

IX. — Tous les principes de la preuve par indices s'appliquent, on le voit, avec les modifications voulues, à la preuve par aveu. En en faisant la législation, le Code de procédure criminelle, dans ses art. 316 à 321, n'a fait autre chose que de se conformer aux principes précités, comme nous allons le voir en un rapide commentaire de ces préceptes.

L'art. 316 définit l'aveu en matière criminelle et détermine les caractères qu'il doit réunir pour produire des effets légaux. En général, les conditions imposées par le

législateur tendent à exclure, en premier lieu, les vices
d'erreur, intimidation, violence, subornation (par promesses ou cadeaux) qui peuvent compromettre sa fidélité
ou altérer sa pureté (art. 316 § 3, 4, 6 ; art. 319 et 320),
en second lieu, les hypothèses d'hallucination ou de non
sincérité de l'aveu (art. 316 §§ 2, 5 et 7).

X. — Les art. 317 et 318 règlent une question qui n'est
qu'indirectement liée à l'objet de notre cours. Nous en
dirons néanmoins quelques mots, étant donné son indé-
niable importance.

L'aveu peut être simple ou qualifié. Il est simple, quand
son auteur se borne purement et simplement à reconnaître l'obligation qu'on veut prouver contre lui ou la part
qu'il a prise à un délit ; il est qualifié, quand son auteur,
tout en reconnaissant l'obligation ou le délit, ajoute
quelques circonstances qui atténuent ou suppriment sa
responsabilité ou bien fait valoir une exception qui inva-
lide l'action entamée contre lui. On a longuement discuté
dans la doctrine pour savoir si l'aveu peut être divisé au
préjudice de son auteur, c'est-à-dire s'il est permis de
considérer comme démontrée la partie défavorable tout
en rejetant la partie qui le favorise.

En général, il ne paraît pas licite de diviser l'aveu, vu
que celui-ci fait présumer la bonne foi du déclarant, lequel
aurait tout aussi bien pu, en s'enfermant dans un silence
obstiné ou dans une franche négative, rejeter tout le poids
de la preuve sur l'adversaire ou sur le juge d'instruction ; or, ceux-ci manquent parfois de tout élément ou
n'ont que des moyens insuffisants pour appuyer leurs
affirmations, de sorte que, si l'acte volontaire de l'aveu
n'était intervenu, l'action civile ou le procès criminel eût
échoué, faute de preuves. Mais le principe de l'indivisi-

lité ne peut être admis d'une façon aussi absolue pour tous les cas et sans tenir compte des modalités qui établissent entre la plupart d'entre eux, des différences quelquefois substantielles. Un individu, par exemple, même sans avoir été arrêté et sans qu'il existe de preuves contre lui, confesse qu'il est l'auteur d'un homicide, alléguant à sa décharge qu'il a tué en état de légitime défense ; mais il y a des indices véhéments (blessures dans le dos par exemple), qui démontrent l'inexactitude du fait allégué pour atténuer ou anéantir sa responsabilité. Est-ce que dans cette circonstance la division de l'aveu ne serait pas rationnellement justifiée ? Ainsi l'a entendu notre Code de procédure ; l'art. 318 établit d'abord que l'aveu ne peut être divisé au préjudice de son auteur et que les divers faits et circonstances qu'il contient ne constituent pas des exceptions dont la preuve incombe à l'accusé, mais, ajoute-t-il, sauf lorsque, par la qualité des personnes, par leurs antécédents ou d'autres circonstances du fait, des présomptions graves en ressortent contre le déclarant.

Les cas les plus délicats que suscite l'application du principe d'indivisibilité de l'aveu sont ceux où il existe une preuve insuffisante à l'encontre du déclarant ou ceux dans lesquels celui-ci, en invoquant une exception, dans un procès civil, contracte par là le devoir imprescriptible de la prouver : *reus in excipiendo fit actor, reus probat exceptionem*. S'il n'était pas en son pouvoir de produire cette preuve, mais si en même temps son adversaire n'apportait aucune preuve ou seulement une preuve incomplète, le principe de l'indivisibilité de l'aveu devrait-il céder le pas à cet autre principe qui fait retomber sur celui qui soulève l'exception l'*onus probandi* ? Est-ce que la difficulté ou l'impossibilité de prouver tant l'action que l'exception n'a pas en réalité une cause unique et une ori-gine commune : un acte de confiance réciproque ou les habitudes sociales ou commerciales de l'endroit ? Par exemple, quelqu'un qui achète au comptant ou qui a un domestique à son service exige-t-il toujours un reçu de ce qu'il a payé à titre de prix ou de salaire? Et comment justifierait-il l'exception de paiement qu'il opposerait à un vendeur ou à un employé peu consciencieux qui tâcherait de lui faire verser une seconde fois la dette déjà ac-quittée ? La solution rationnelle, légitime, intrinsèque-ment juste paraît donc être analogue à celle qu'a sensé-ment adoptée notre Code de procédure criminelle, solu-tion d'après laquelle l'aveu serait ou non divisible, sui-vant qu'il y aurait ou non contre le déclarant des pré-somptions graves, tirées soit de la qualité et des antécé-dents du défendeur et du demandeur, soit d'autres cir-constances du fait, soit des usages et pratiques locales dans le genre d'opérations envisagé.

Sur ces considérations nous terminons l'étude de l'aveu, en disant que notre Code de procédure criminelle laisse percer quelque défiance à l'égard de la valeur probante, puisque, d'après l'article 321, quand le délit mérite la peine de mort, l'accusé ne pourra être condamné qu'à la peine immédiatement inférieure, s'il n'y a pas d'autre preuve corroborant l'aveu.

VINGTIÈME LEÇON

LA PREUVE PAR INDICES ET LES PREUVES PAR TÉMOINS,
PAR EXPERTS, PAR DOCUMENTS

I. — Nature et importance de la preuve testimoniale.

II. — Fondement rationnel de cette preuve.

III. — Méthode d'élimination des hypothèses infirmatives.

IV. — La règle de la pluralité des témoignages ; discussion doctrinale et théorie du professeur.

V. — Les principes de concordance, vraisemblance, etc., dans la preuve par témoins.

VI. — Les preuves par experts et par documents : leur nature et principes qui les régissent.

I. — Voyons maintenant comment les principes de la preuves par indices s'appliquent à la preuve par témoins.

Que sont les témoins ? Ce sont ceux qui relatent un fait perçu par eux ou, comme l'indique l'art. 307 § 2 du Code de procédure criminelle, ceux qui font une déclaration sur des faits ayant pu tomber directement sous l'action de leurs sens. On a dit que les témoins sont les yeux et les oreilles de la justice, mais par là on a voulu seulement donner à entendre que les perceptions visuelles et auditives jouent le principal rôle dans le témoignage, bien que celui-ci puisse porter aussi sur des perceptions olfactives, gustatives, tactiles et musculaires. De là il ressort que la nature des traces, en ce qui concerne ce moyen de preuves, est identique à celle des traces de la preuve par aveu, de sorte que tout ce que nous avons exposé à propos de la recherche, réunion, description et conservation des traces s'applique encore à la preuve qui nous occupe ici. Il ne faut donc pas s'étonner que la législation positive contienne une série de préceptes relatifs à ces opérations et instituant des règles analogues à celles qui régissent l'aveu.

La foi au témoignage humain joue un rôle énorme dans la science et dans toute la vie humaine. Pour le comprendre il suffit de remarquer que la majeure partie des notions et des vérités qui guident notre conduite a pour origine la croyance au témoignage des hommes. L'existence d'une ville que nous n'avons pas visitée, par exemple, est pour nous un article de foi uniquement basée sur l'affirmation de ceux qui l'ont connue *de visu*.

II. — Or quel est le fondement rationnel de cette croyance? Ce n'est pas, à notre avis, comme l'affirment Framarino, Canale et d'autres dont l'opinion est adoptée dans l'estimable ouvrage de MM. Malagarriga et Sasso, « la présomption de la véracité humaine », parce que « l'expérience aurait démontré que la vérité est plus souvent dans la bouche des hommes que le mensonge ».

Laissant de côté cette présomption, peut-être téméraire, nous pensons trouver le véritable fondement rationnel de la croyance en témoignage dans une conviction à laquelle on parvient après une étude critique plus ou moins rapide des caractères du témoin et des circonstances du fait relaté : la conviction de l'élimination des deux hypothèses qui pourraient, en dehors de la réalité du fait attesté, expliquer la déclaration du témoin. Ces deux hypothèses éliminées par la critique sont : 1° l'insanité de la déclaration, par suite d'un état de folie, d'hallucination, de la perturbation des sens ou de l'intelligence déterminée par l'idiotie, le somnambulisme ou la suggestion ; 2° la fausseté de la déclaration causée par l'intérêt, l'affection ou l'inimitié, sous les multiples formes que sont susceptibles de revêtir ces trois sentiments.

III. — Le procédé pour éliminer ces deux hypothèses et ne laisser subsister que la troisième, c'est-à-dire la réalité du fait déclaré, n'est et ne peut être autre que celui que nous avons exposé en traitant de la preuve par aveu. Qu'on parcoure les dispositions des Codes de procédure où sont longuement énumérées les inaptitudes dites absolues et relatives et déterminées les conditions et les formes dans lesquelles on devra les faire valoir et les vérifier : on observera sans peine que tous ces préceptes sont destinés à fournir au juge les éléments de jugement indispensables pour le mettre à même d'exclure les hypothèses susdites. Ainsi afin d'éliminer l'insanité de la déclaration, on déclare inaptes à témoigner les fous, les ivrognes (ivrognes habituels ou gens qui se sont trouvés ivres au moment du fait), les mineurs de 14 ans dans les procès civils et de 18 ans dans les procès criminels. Pour exclure le manque de sincérité, on indique comme inaptitudes absolues : l'absence de profession, le fait d'avoir été en faillite frauduleuse, condamné en justice ou faussaire ; et comme inaptitudes relatives : la parenté, la dépendance, l'intérêt, les qualités d'associé, de créancier ou débiteur, de protégé ou protecteur, de commanditaire dans une affaire, d'ami ou d'ennemi.

IV. — La déclaration d'un témoin, de même que l'aveu, procure une reconstruction plus ou moins complète d'un fait passé, au moyen d'une série d'affirmations dont on détermine le degré probable de sincérité et de franchise, soit en bloc, soit en les prenant une à une, grâce à l'analyse critique précédemment indiquée. Peut-on se contenter de la déclaration d'un seul témoin entièrement digne de foi, dont les affirmations soient parfaitement concordantes entre elles et en même temps vraisemblables, pour considérer le fait comme reconstitué de telle sorte qu'il ne reste dans l'esprit aucune ouverture par où puisse passer la moindre lueur de doute ? Ou doit-on adhérer à l'opinion soutenue dans les écoles, invoquée et appliquée dans les tribunaux depuis la plus haute antiquité et suivant laquelle le témoin unique n'a pas de valeur probante ?

Il ne manque pas de gens pour déclarer que le dire d'un seul témoin qualifié, classique, comme on l'appelle souvent, est suffisant pour donner la certitude de l'existence d'un fait. Ellero, entre autres, soutient cette opinion en l'appuyant sur celle d'auteurs aussi autorisés que Blackstone, Bentham, Bonnier et autres. « En dépit de la valeur et de la puissance vénérable de la coutume et de tant et tant de voix savantes, je n'ai pas pu m'enrôler parmi ceux qui considèrent comme une exigence essentielle et intrinsèque de la preuve testimoniale la pluralité ou, tout au moins, la dualité des témoins ; je n'ai pas pu en vérité percevoir ses fondements véritablement rationnels ». Le nombre des témoignages, suivant Ellero, n'accroît pas leur valeur probante. Dès l'instant, pense-t-il, où l'on a devant soi un témoin impartial et compétent, qu'on en ait un ou mille, on n'a pas pour cela une preuve supérieure ni moindre : on a la preuve. C'est estimer trop matériellement la certitude que d'exiger la pluralité des témoins. Il y a là une survivance du vieux critérium suranné d'après lequel on admettait des moitiés, des quarts et des huitièmes de preuves. Et il conclut : « Il n'est pas possible, en fait, d'échapper à ce dilemme : ou chaque témoin séparément est, par lui-même, doué de toutes les qualités nécessaires pour le rendre digne de foi, ou il ne l'est pas. Dans le premier cas, un seul suffit ; dans le second cas il n'y a pas de nombre, si grand soit-il, qui puisse majorer la valeur imparfaite du témoignage isolé ». (*Op. cit.*, p. 187).

Nous ne partageons pas cette opinion. Il est impossible de méconnaître qu'un seul témoignage, s'il est vraisemblablement sincère et véridique, peut, dans le cours ordinaire de la vie, nous donner la certitude de l'existence d'un fait. Malgré cela, il y a des raisons puissantes qui expliquent surabondamment pourquoi le législateur et le juge n'accordent pas au témoignage unique une pleine efficacité probante. Si, comme nous l'avons vu, l'aveu lui-même inspire aux législateurs et aux juges une défiance légitime, encore qu'il s'agisse d'une déclaration faite par l'auteur même de l'acte et à son propre préjudice, comment ne pas se méfier du témoignage, c'est-à-dire de la déposition faite non par un observateur scientifique qui s'entoure de précautions pour noter et annoter les phénomènes et les décrit aussitôt après leur production en termes précis et clairs, non par un observateur attentif, encore une fois, mais par un spectateur occasionnel, indifférent, ordinairement distrait, que les faits ont surpris en quelque sorte et qui dépose sur eux longtemps après leur survenance, sur des souvenirs à demi effacés dans son esprit ou mêlés à d'autres souvenirs analogues qui les altèrent ?

Il y a heureusement une circonstance étrangère aux témoignages isolément considérés, qui leur donne, quand ils se réunissent, la force dont manque chacun d'eux. Cette circonstance, c'est l'accord des affirmations ou des actes provenant de témoins distincts et indépendants. Ellero n'a pas aperçu que cet accord est, en réalité, un fait nouveau, né de la comparaison des affirmations des différents témoins, et que ce fait ne peut s'expliquer rationnellement que par une de ces deux causes : le cas où les témoins se seraient concertés ou où on leur aurait fait la leçon, ou bien la réalité du fait attesté par eux. Eh bien ! qu'on élimine la première hypothèse grâce aux précautions que tous les codes de procédure instituent à cet effet — isolement des témoins quand ils font leur déclaration, répétition des questions, confrontations — la seule cause qui explique l'accord de témoignages indépendants est l'existence réelle du fait attesté. Comment se pourrait-il que deux ou plusieurs personnes saines d'esprit, calmes, absolument désintéressées et honnêtes, sans s'être concertées au préalable, décrivissent en détail et de la même façon un fait que toutes affirment avoir observé, si l'on n'admet que le fait en question s'est réellement passé comme elles le décrivent ?

Ce qui enlève au témoignage unique la valeur décisive et indubitable que quelques-uns prétendent lui donner, c'est précisément cette impossibilité où l'on est de contrôler la déclaration, d'en faire la contre-épreuve. A l'instar de ce qui se passe pour la preuve par indices, où le concours de plusieurs indices fait preuve, alors que chacun d'eux serait insuffisant, la pluralité de témoins concordants, nonobstant l'imperfection inhérente à tout témoignage isolé, si impartial et compétent soit-il, incline l'âme vers la conviction ; elle a le poids et le caractère d'une preuve pleine et entière, étant donné qu'il est impossible d'expliquer rationnellement l'accord des témoignages autrement qu'en acceptant la réalité du fait attesté. *Testis unus, testis nullus*, a-t-on répété depuis l'antiquité d'une façon parfaitement raisonnable et juste. Seul l'accord des témoignages donne à ceux-ci une pleine valeur probante. Il n'est pas exact, comme le soutient Ellero dans son dilemme, qu'aucun nombre, si grand soit-il, ne puisse accroître la force du témoignage isolé, du moment que celui-ci est parfait ou imparfait ; et c'est très justement que Mittermaier a pu dire : « La confiance va en s'accentuant à mesure qu'un plus grand nombre de témoins s'expriment dans les mêmes termes jusque sur les points les plus insignifiants » (*Op. cit.*, p. 318).

V. — Notre Code de procédure criminelle a admis cette doctrine dans l'art. 366, qui dispose que la déclaration de deux témoins aptes à témoigner, concordants quant au fait, au lieu et au temps, enfin de bonne réputation, pourra être invoquée par le juge comme une preuve parfaite de ce qu'ils affirment. Cette disposition exige, on l'a remarqué, plusieurs conditions, notamment que les témoins se trouvent concordants sur le fait, le lieu et le temps. Eh bien ! qu'entend-on par témoins concordants ?

La raison et l'expérience indiquent qu'on ne doit pas entendre par là ceux dont les déclarations coïncident dans tous leurs détails, même les plus insignifiants. Loin de là, une identité complète dans les déclarations, surtout sur certains points caractéristiques, est plutôt suspecte et est généralement un indice d'entente et de préparation des témoignages. Plusieurs spectateurs d'un fait ne verront jamais les choses de la même façon ni ne les apprécieront et ne les relateront sous la même forme. Par déclarations concordantes on doit entendre celles qui, divergentes sur de petits détails — ce qui est dû évidemment à l'intuition personnelle et au point de vue particulier de chaque témoin — s'accordent sur les points essentiels, sur les circonstances les plus importantes du fait que ces déclarations reconstituent chacune séparément. D'où il résulte que la théorie des témoins concordants n'est pas autre chose qu'une expression ou un cas particulier de l'accord des faits, tel que nous l'avons déjà étudié à propos de la preuve par indices, et dont nous avons également appliqué les principes à la preuve par l'aveu. Ainsi se trouve une fois de plus démontré que l'accord des faits n'est pas exclusivement le propre de la preuve par indices, mais qu'il est applicable à toute reconstruction entreprise à l'aide d'un moyen de preuve quelconque. Qu'il s'agisse du témoignage, de l'aveu ou de n'importe quelle preuve, tous les faits accessoires, tous les concomitants du fait principal, du fait qu'on veut reconstituer, doivent concorder entre eux, former un tout harmonique, cohérent, naturel, conforme au cours naturel des choses.

La rédaction de l'article de notre Code que nous avons cité est défectueuse, lorsqu'elle exige « que les témoins soient concordants sur le fait, le lieu et le temps » ; car cette rédaction, si l'on s'y tenait rigoureusement, exclurait les témoins appelés *singuliers* en un sens déterminé. Car en dehors des témoins concordants dans toute l'acception du mot, ce qui a lieu quand leurs déclarations sont d'accord sur le fait, objet de la déposition, sur le temps, le lieu et les circonstances essentielles, il y en a d'autres qui ne déposent que sur des faits différents entre eux, parce que ce sont des faits accessoires ou des moments successifs d'un fait principal ; et cependant ces témoi-

gnages servent admirablement à la reconstitution de ce
dernier. C'est là précisément la manifestation la plus
évidente et caractéristique de l'accord des faits, facteur
si important, nous le savons, pour déterminer la certitude. Loin d'être à dédaigner, ces *témoignages singuliers
de diversité accumulative*, comme les appellent quelques
auteurs (par exemple, Caravantes, *Procédure judiciaire*, II, 245) sont dignes de toute confiance. C'est
pourquoi l'auteur en question pense que de telles déclarations « s'aident mutuellement à prouver ce qui est con-
troversé » ; et pour éclaircir les idées au sujet de ces déclarations « sur un fait, de sa nature, successif, continu
ou générique », comme il dit, il propose le cas suivant :
« Par exemple, quelqu'un dit qu'il a entendu Jean promettre à Pierre de lui remettre cent douros à midi, et un
autre a vu Pierre avec cent douros à la main à cette
heure là... Ces déclarations ne se détruisent pas mutuellement, au contraire, elles se corroborent, de sorte que
dans les procès civils deux déclarations sur un fait, de
sa nature, successif, continu ou générique font pleinement preuve » (*loc. cit.*).

L'exemple de Caravantes n'est cependant pas tout à
fait convaincant, du moins tel que le présente son auteur, car il ne semble pas qu'on soit là en présence d'un
fait « de sa nature, successif, continu ou générique », à
moins qu'un témoin n'ait entendu Jean promettre à Pierre
de lui remettre cent douros à midi et qu'un autre témoin
n'ait vu Jean remettre à Pierre cent douros à midi. Sous
cette forme seulement les deux déclarations concorde-
raient parfaitement entre elles et se corroboreraient en ce
qu'elles seraient des parties accessoires ou des moments
successifs d'un fait principal. Dans l'exemple de Cara-

vantes le second témoin a vu simplement Pierre ayant à midi à la main cent douros dont il ignore la provenance et que Pierre peut avoir sortis lui-même de son porte-monnaie pour régler un compte. En outre, le fait même de n'avoir pas vu, à cette heure là, Jean à l'endroit où se trouvait Pierre pourrait constituer un indice contraire au fait que Caravantes prétend établir grâce aux deux déclarations données en exemple.

De même que le principe de concordance dont nous venons de nous occuper, le principe de vraisemblance a aussi son application dans la preuve par témoins. Les textes de procédure ne contiennent pas de disposition essentielle à ce sujet, au contraire de ce qui a lieu pour l'aveu (art. 316, § 5) ; mais, comme nous avons eu l'occasion de le dire, le principe de vraisemblance revêt un caractère général et constitue même une pierre de touche permettant de contrôler le mérite d'un moyen de preuve quelconque.

Nous terminons ici l'application des principes de la preuve par indices à la preuve par témoins, après avoir clairement montré que le processus de la reconstruction est analogue dans les deux cas et passe par les mêmes étapes. Les dispositions des Codes sur ces points ne font que traduire ces principes, exception faite pour quelques règles spéciales, comme celle qui impose aux témoins le devoir de prêter serment, suivant leurs croyances religieuses, avant de déposer, exigence dont l'utilité et la légitimité fait l'objet de controverses chez les auteurs. Nous n'avons pas rigoureusement besoin de nous occuper de ces controverses et nous les omettrons par désir d'être brefs.

VI. — Ce même désir nous détermine également à

supprimer l'étude de l'application des principes de la preuve par indices aux preuves par expertise ou par lettres ou documents. L'omission d'ailleurs ne diminue en rien la consistance de notre théorie, car après les développements et les considérations que nous avons présentés, n'importe qui se trouve en mesure de faire lui-même cette application. Mais nous n'abandonnerons pas ce sujet sans donner notre opinion relativement à la nature de ces moyens de preuve. Nous croyons utile de faire remarquer qu'un document n'est pas autre chose, en dernière analyse, qu'une série d'affirmations et que, par conséquent, suivant que celles-ci émanent de l'une des parties intéressées ou d'un tiers étranger au litige, le document en question équivaut, en tant que moyen de preuve, soit à un aveu, soit à un témoignage *fixé* pour ainsi dire. Indépendamment donc des principes de critique spéciaux qui lui sont applicables en raison de sa nature (opérations destinées, par exemple, à vérifier s'il est authentique ou apocryphe), le document peut être assimilé soit à un aveu, soit à un témoignage et doit être soumis au traitement analytico-critique nécessaire suivant le cas.

Quant aux experts on a discuté à maintes reprises dans la doctrine à propos de leur rôle dans le jugement ; les uns soutiennent que l'expert est un véritable témoin, d'autres qu'il est une espèce d'arbitre, d'autres enfin qu'il est un simple auxiliaire du juge. La vérité est que nous sommes là en présence d'un moyen de preuve *sui generis*, et l'on s'explique la diversité des opinions par ce fait que l'expert participe, suivant le rôle qu'on lui assigne, de l'une ou l'autre qualité selon les cas. Mais ce qu'il paraît bon de faire remarquer, c'est que, bien que les experts soient appelés à suppléer ou à compléter les connaissances du juge en l'éclairant sur des questions de fait qui requièrent un savoir spécial, leur opinion ne lie pas impérativement le magistrat et ne le dispense pas du devoir de critique inhérent et essentiel au processus de reconstruction scientifiquement conduit suivant la méthode que nous avons exposée. Ce devoir s'impose avec encore plus d'urgence lorsqu'il s'agit de certains experts, notamment d'experts nommés par les parties ; car ceux-ci, par une tendance explicable et bien humaine, voient presque toujours les choses sous la même couleur que l'intéressé qui les a proposés.

Du reste les experts, tout comme le juge lui-même quand il entreprend une inspection oculaire, n'ont d'autre mission, dans certains cas, que de chercher, de recueillir, de reproduire, décrire et conserver des traces, lesquelles, étudiées par ces fonctionnaires, constitueront de véritables indices permettant d'établir une preuve par indices. Nous laissons de côté la reconnaissance judiciaire au sujet de laquelle nous n'avons rien de particulier à exposer du point de vue de la méthodologie reconstructive. Nous considérons donc comme achevée l'étude de cette méthodologie par rapport à chacun des moyens de preuve.

VINGT ET UNIÈME LEÇON

LA PREUVE PAR INDICES ET LA THÉORIE GÉNÉRALE DE LA
PREUVE

I. — Fréquence de la preuve composée.
II. — Cas divers de preuve composée.
III. — Solution du problème par les principes établis.
IV. — Fondement rationnel et méthode de la preuve composée.

I. — Nous avons établi, en commençant ces leçons, que la méthode suivie par les auteurs et adoptée dans les Codes de procédure, et qui consiste à déterminer à quelles conditions chaque mode de preuve, individuellement considéré, produit la certitude, est une méthode dans une certaine mesure artificielle. Il n'arrive pas toujours, en effet, tant dans les causes civiles que dans les procès criminels, que les faits soient déterminés à l'aide d'un seul moyen de preuve ou, comme on dit couramment, que la preuve soit simple.

Le contraire est peut-être même le plus fréquent. Dans la majeure partie des cas la preuve est composée, ce qui revient à dire que la ferme croyance à l'existence d'un fait est le produit de diverses preuves simples combinées entre elles.

II. — Il peut y avoir combinaison, soit de preuves simples parfaites, qui s'associent avec d'autres preuves simples, parfaites ou imparfaites, soit d'un ensemble de preuves simples, toutes imparfaites, c'est-à-dire qui, prises une à une, n'auraient pas pleine force probante. Le premier de ces cas (combinaison de preuves simples parfaites) ne présente aucune difficulté. Si chaque élément à lui seul fait pleinement preuve, à plus forte raison il en est ainsi de leur réunion. Pas de difficulté non plus pour le second cas (combinaison de preuves parfaites et imparfaites) pour des motifs analogues. Seul le troisième cas peut donner lieu à controverse et, par suite, exige un examen spécial.

III. — Le problème consiste, nous l'avons déjà dit, à rechercher si l'on peut et à quelles conditions l'on peut faire pleine preuve, autrement dit, devenir certain de l'existence d'un fait, à l'aide de divers éléments ou moyens de preuve qui, pris isolément, ne seraient pas pleinement probants.

Cette très importante et intéressante question est relativement simple à résoudre, après tout ce que nous avons déjà exposé au sujet du processus reconstructif et des principes et méthodes qui lui sont applicables. De même que dans la preuve par indices il est possible d'obtenir la certitude de l'existence d'un fait par la concordance des indices, la convergence des inférences indiciaires et l'exclusion des hypothèses contradictoires, de même on peut arriver à ce résultat par le concours de preuves simples, imparfaites, pourvu que celles-ci, prises une à une, ne dérogent pas à certaines conditions essentielles par définition, comme quand l'aveu n'est pas libre ou que le témoin n'est pas apte à témoigner.

IV. — Et la raison est évidente. Comment pourrait s'expliquer le concours de divers modes de preuve, absolument indépendants par leur nature et leur origine, et qui, par différentes voies, conduisent à la même conclusion ? S'il s'agit de témoins, on pourrait supposer l'entente ou la préparation, etc., s'il s'agit d'indices, l'intervention du hasard, la falsification de la preuve, etc., s'il s'agit d'aveu, la fausseté, l'hallucination, etc. Cela veut donc dire que si, étudiant une à une et dans leur ensemble ces diverses preuves simples imparfaites, on arrive à exclure la probabilité de l'intervention du hasard, de la falsification de la preuve, etc., selon le cas, il ne reste, pour expliquer le concours des preuves simples en question, que la réalité du fait reconstitué par elles. Le cas présente quelque analogie avec le concours des indices, car chaque élément ou moyen de preuve revêt, en un certain sens, le caractère d'un indice, et c'est précisément celui que lui attribuent quelques législations (Mittermaier, *op. cit.*, p. 413). Il n'y a pas de doute que le problème actuel est plus complexe à résoudre que les précédents, puisqu'il exige l'application de leurs principes spéciaux à tous et puisqu'en outre il réclame l'élimination d'un plus grand nombre d'hypothèses infirmatives. Mais la complexité et la difficulté plus grandes du problème en question n'empêchent pas qu'on puisse, en ce qui le concerne, aboutir à la certitude de la même façon que dans les autres cas et moyennant l'application des mêmes principes déjà connus de concordance, de convergence, de vraisemblance, d'exclusion des hypothèses infirmatives, etc.

VINGT-DEUXIÈME LEÇON

GÉNÉRALISATION DES PRINCIPES DE LA PREUVE

I. — Application de notre théorie aux sciences reconstructives.
II. — La méthode reconstructive en géologie.
III. — La méthode reconstructive en paléogéographie et paléo-climatologie.
IV. — La méthode reconstructive en paléobotanique.
V. — La méthode reconstructive en archéologie.
VI. — La méthode reconstructive en paléoglossologie (linguistique, grammaire comparée, linguistique historique générale).
VII. — Conclusion.

I. — Conformément au plan que nous avons tracé en commençant ces recherches et aux promesses que nous avons faites ensuite, nous devons maintenant nous occuper d'élever les principes de la preuve par indices à leur plus haut degré de généralisation, ce qui équivaut à montrer que ces principes se confondent avec ceux de la méthodologie reconstructive, ou, en d'autres termes, que la méthode employée par l'une quelconque des sciences reconstructives pour la détermination de leur objet, pour la reconstruction des faits, des choses ou des êtres du passé qu'elles ont pour sujet d'étude, coïncide avec la méthode composée dont nous avons élucidé les diverses opérations dans les leçons précédentes.

Avant d'entrer en matière, il convient d'observer que les diverses disciplines reconstructives, dont nous connaissons l'énumération (Troisième Leçon), peuvent être divisées en deux groupes : le premier se compose des sciences reconstructives *naturelles*, si l'on peut dire, le second, des sciences reconstructives *de caractère moral*, dont l'objet est de reconstituer le passé humain. Etablir cette division, c'est faire remarquer que celles du second groupe peuvent utiliser et utilisent généralement une classe de traces, les traces psychologiques, non employées par les premières. De sorte que la méthodologie des sciences reconstructives naturelles sera strictement calquée sur les principes de la preuve par indices, tandis que dans la méthodologie de l'histoire on appliquera, en outre de ces principes, ceux que nous avons spécialement établis à propos des preuves par aveu, par témoins et par documents. La preuve par expertise, dont nous connaissons la nature hybride, est utilisée aussi bien dans les unes que dans les autres.

Etant donné le temps qui nous est mesuré et la nature de notre cours, nous ne pourrons réaliser la démonstration que nous entreprenons d'une façon circonstanciée et complète. Pour ces motifs et contre² notre désir, nous devrons donc nous borner à un très rapide et succinct exposé de la question.

II. — Prenons, par exemple, la géologie, dont l'objet est, on le sait, de faire l'histoire de la terre, de reconstruire la vie du globe que l'homme habite, en nous éclairant surtout sur les transformations successives qu'a éprouvées l'écorce terrestre, seule portion de la planète qui soit connue jusqu'à une petite profondeur. Cette écorce, comme on le sait, est composée de couches, stratifications

ou terrains d'origine le plus souvent sédimentaire, super-
posés dans un certain ordre. Ces couches se présentent
par endroits pliées, ailleurs parfois disloquées, formant
des contorsions et présentant des déformations singu-
lières. Eh bien ! la disposition des couches de terrains qui
forment le sous-sol, leur ordre de superposition, les déformations que nous signalions, sont autant d'indices ou
de faits révélateurs des phénomènes géologiques passés,
de la façon dont se sont formés ces terrains, des forces
physiques, mécaniques ou chimiques qui ont agi de diverses manières pour produire les choses et les faits qui
sont aujourd'hui sous nos yeux. La géologie a fait un
pas énorme du jour où elle est parvenue à découvrir, par
l'étude de leurs effets, les causes les plus générales des
phénomènes qu'elle étudie : refroidissement terrestre, so-
lidification et cristallisation de la matière, volcanisme,
érosion, action chimique, compression, pesanteur (glisse-
ments), chocs, dessiccations, approfondissements, etc.

On a cru tout d'abord que l'ordre de superposition des
couches ou stratifications était un indice sûr de leur an-
cienneté et qu'il indiquait leur ordre de formation, en
procédant de bas en haut. On comprit bientôt qu'il fallait
rectifier cette idée, attendu que cet ordre avait été pro-
fondément altéré et embrouillé en beaucoup d'endroits
par l'intervention de forces puissantes et de phénomènes
considérables. Alors les caractères stratigraphiques pas-
sèrent en second plan et furent remplacés par les caractères paléontologiques, c'est-à-dire par les dates indiquées
par les fossiles ; c'est aujourd'hui l'un des indices les
plus précieux pour l'exacte détermination de l'âge géologique et du mode de formation des sédiments ; on l'utilise
aussi avec les meilleurs résultats pour synchroniser les

faits géologiques, c'est-à-dire pour établir la contemporanéité des terrains.

On comprend par là combien multiple est la préparation du géologue, qui doit être chimiste, pour pouvoir comprendre et expliquer comment se sont formés, dans le grand laboratoire de la nature, plusieurs des corps que contient l'écorce terrestre, minéralogiste, pour pouvoir connaître ces corps, mathématicien et physicien, pour interpréter les faits qui les ont formés, les accidents d'ordre géométrique et d'ordre mécanique qui ont modifié l'écorce terrestre en retournant ou disloquant ses couches, paléontologiste et, par conséquent, botaniste et zoologue, étant donné la valeur immense des fossiles comme indices géologiques, géographe et topographe, météorologiste ou climatologiste, océanographe, etc., etc.

Plus complètes seront les notions possédées par le géologue sur ces disciplines auxiliaires variées, mieux il sera à même de trouver des interprétations et de former des inférences explicatives au sujet des faits concrets offerts à son étude. Les problèmes se posent dans cette science de la même façon caractéristique que dans toute investigation reconstructive : étant donné telles traces, vestiges ou résultats, par exemple, étant donné les plis des couches qui forment l'écorce terrestre, déterminer quelles causes ont pu produire ce résultat.

Le géologue suppose, par exemple, que de tels plis ont dû être produits par l'action de pressions latérales dues à la réduction de volume subie par l'écorce de la terre lorsqu'elle s'est refroidie. Tous ces raisonnements et ces hypothèses, on le voit, exigent la connaissance des causes et lois des phénomènes physiques, chimiques et mécaniques qui s'accomplissent actuellement et postulent l'analogie entre ces phénomènes et ceux qu'il s'agit de reconstruire. Comme contre-épreuve du raisonnement, on détermine souvent, dans les laboratoires ou dans les cabinets, des sortes de phénomènes géologiques au moyen de l'expérimentation.

Ces inférences indiciaires, pour leur donner leur véritable nom, après avoir rendu compte des faits géologiques accessoires ou partiels, se combinent entre elles — en se soumettant aux principes de concordance, de convergence et de confirmation que nous connaissons — pour expliquer les faits géologiques de nature plus complexe et plus générale ; origine et mode de formation des sédiments anciens qui ont donné naissance aux stratifications géologiques des divers âges ; *facies* ou aspects divers que prennent ces stratifications suivant les lieux, etc. Ainsi le géologue qui reconstruit ces épisodes successifs de la vie de notre globe applique la même méthode et les mêmes genres de raisonnements que le magistrat, lorsqu'il enquête sur un fait délictueux. Que trouve-t-on, sinon une utilisation de la preuve par concours d'indices, dans cette conclusion du géologue Macpherson : « des données, *de tous côtés*, viennent *converger vers le même point* et *justifient cette considération*, que ces roches (gneiss et micaschistes) représentent le moment où la phase stellaire de la terre s'est achevée, etc. » (*Géologie*, p. 156). ?

Il est juste de reconnaître que le caractère général de la méthode reconstructive a été comme entrevu ou soupçonné par quelques hommes de science, entre lesquels se détache le géologue Bertrand : celui-ci, sans aller jusqu'à formuler une théorie générale et systématique du genre de celle que nous avons exposée, a perçu néanmoins avec

assez de clarté la parenté entre la méthode de sa science
et la méthode propre de l'histoire.

Voyons comment il s'exprime à ce sujet : « La structure et la composition chimique et minéralogique des matériaux qui forment l'écorce terrestre, les restes des êtres
fossiles de toute nature que contiennent les anciens sédiments, les relations stratigraphiques originales de ces dé-
pôts, les déformations qui les ont affectés ultérieurement
et les relations tectoniques anormales qu'ils présentent actuellement les uns par rapport aux autres, constituent
quatre ordres de documents que le géologue doit utiliser,
de la même façon que l'historien utilise les monuments,
les monnaies et médailles, les documents écrits et les tra-
ditions de toute sorte. L'étude propre de ces divers ordres de documents : paléographiques, paléontologiques,
stratigraphiques et tectoniques est déjà très intéressante
par elle-même, sans doute ; mais, en outre, elles ,cons-
tituent antant de branches distinctes de la science géologique ou, pour plus d'exactitude, autant de sciences
auxiliaires de la géologie, au même sens que les sciences
auxiliaires de l'histoire, si nécessaires à l'historien digne
de ce nom » (Bertrand, *Le But et les Problèmes de la
géologie*, in *Méthode dans les sciences*, II, p. 92).

Remarquons encore, pour leur curiosité, quelques explications du même auteur, dans lesquelles il se sert d'expressions qui paraissent empruntées à dessein aux textes
de procédure, tout comme le passage de Macpherson cité
plus haut : « Les anciens sédiments, dit-il, ont subi en
général une espèce de *fossilisation* qui va jusqu'au degré
le plus avancé du *métamorphisme*, ce qui souvent permet
de se former une opinion approximative sur leur ancien-
neté en partant du simple aspect lithologique ». Mais,

ajoute-t-il immédiatement après, il est à remarquer que si *la découverte ultérieure de fossiles « confirme » fréquemment cette « présomption », il est fréquent aussi qu'elle « l'infirme »* (*Op. cit.*, p. 105). Et n'est-ce pas une présomption *juris tantum*, en quelque sorte, que contient cette autre affirmation : « Tandis que, dans l'ordre normal, une couche superposée à une autre *doit être présumée* de formation plus récente, certaines superpositions anormales... dues à des phénomènes de glissement peuvent donner lieu à ce que, sur de grandes étendues, des couches plus anciennes reposent sur d'autres plus récentes » (*Op. cit.*, p. 91).

Illustrons par un exemple la démonstration de notre thèse. Supposons qu'on essaie d'expliquer le mode de formation d'un terrain. La disposition ou l'arrangement des sédiments sera un premier indice qui nous fera soupçonner qu'il s'agit peut-être du fond d'une mer ancienne. La nature des matériaux déposés constituera une seconde série d'indices corroborant les premiers. A ceux-là s'ajoutera, pour les confirmer, une nouvelle série de « documents » formés par les restes des milliers d'êtres qui peuplèrent ce fond de mer présumé. Rien de plus précis que ces derniers indices. En effet, la faune des profondeurs, le *benthos* des biologistes, aujourd'hui assez bien connu grâce aux explorations du fond des mers effectuées dans ces derniers temps, est absolument caractéristique. Mais le fait est que, mêlés à ces fossiles-là, on en a trouvé d'autres qui n'appartiennent pas à la faune des profondeurs, laquelle est en général sédentaire et sédimentaire, mais qui correspondent à des êtres nageants ou bien libres et flottants (c'est-à-dire le *nekton* et le *plankton* des biologistes). Comment exclure l'hypothèse infirmative fondée sur la présence de ces fossiles, qui paraît contredire ouvertement la conclusion provisoirement formulée ? Or, il n'y a aucune contradiction : le fait infirmatif a une explication bien simple ; les cadavres de beaucoup d'animaux tombent nécessairement au fond de la mer et s'y mêlent avec les êtres qui vivent là. Et certainement il se trouvera quelque fait indicatif particulier, par exemple le petit nombre des fossiles de la seconde sorte par rapport à ceux de la première, pour appuyer le raisonnement d'élimination. La conclusion est que le terrain étudié est le fond d'une ancienne mer ; elle a été obtenue, on le voit, grâce à une véritable preuve par concours d'indices, d'autant plus digne de créance qu'elle résulte de la concordance de milliers d'indices et de la convergence d'autant de raisonnements fondés sur des lois aussi constantes que la loi physique de la pesanteur ou la loi biologique de l'adaptation des êtres vivants au milieu qu'ils habitent (Exemple imaginé sur des données de Bertrand, *op. cit.*, p. 109 et suiv.).

III. — La paléogéographie et la paléoclimatologie sont deux sciences reconstructives qui constituent des corollaires de la géologie, tout en en étant déjà différenciées. La paléogéographie se propose de reconstituer, de la façon la plus exacte et complète possible, les divers caractères d'ordre géographique correspondant à chacune des époques géologiques successives. On comprend, parmi ces caractères, la configuration des terres et des eaux, l'orographie et l'hydrographie avec leurs diverses modalités de profondeur, température, degré de salaison, courants, etc., et enfin les faunes et les flores terrestres et aquatiques. Quelques-uns de ces caractères sont susceptibles d'être traduits sur des cartes dénommées paléogéographiques. Pour ce qui est de la méthode de cette branche de la géologie, il n'y a rien de nouveau à ajouter. Le procédé est toujours le même et il s'appuie sur l'analogie entre le passé et le présent; tout cela résulte implicitement de ces phrases du géologue Bertrand : « Dans la reconstitution des conditions géographiques anciennes, nous devrons évidemment partir de l'époque actuelle et, moyennant la comparaison avec les *facies* des formations qui s'y produisent, essayer de déterminer les conditions biologiques, physico-chimiques et géographiques qui ont dû motiver, en d'autres temps, la production des divers *facies* anciens, à la lueur de celles qui déterminent aujourd'hui l'existence d'un *facies* tout à fait semblable à ceux que nous avons à interpréter ».

Même procédé en paléoclimatologie. Pour la reconstitution des climats anciens, les fossiles sont un indice inappréciable. On étudie la faune et la flore fossiles correspondant à une formation déterminée, on cherche les faunes et flores analogues qui existent actuellement et qui peuplent une région de climat connu. On infère de là que le climat de l'époque géologique où vécurent la faune et la flores fossiles était analogue à celui de la contrée habitée par la faune et la flore actuelles qui leur ressemblent. La paléobotanique fournit à cet égard un secours de premier ordre, comme le fait observer le paléobotaniste Zeiller ; celui-ci, à propos de ces recherches, cite comme un modèle celles qu'on a effectuées en Scandinavie, où, dit-il, l'étude minutieuse, lit par lit, des moindres restes végétaux trouvés dans les tourbes et les tufs quaternaires, a permis de suivre toutes les oscillations climatériques à partir de l'époque glaciale et toutes les modifications successives qui ont amené finalement la flore locale à la composition qu'elle présente aujourd'hui ».

IV. — Et puisque nous avons parlé de paléobotanique et cité Zeiller, nous dirons que cet auteur, en étudiant la méthode propre de la science cultivée par lui, l'appelle « comparative », en faisant allusion à ce seul fait que la paléobotanique se voit obligée de recourir, dans ses investigations, à la comparaison des formes fossiles avec les formes actuelles, en vue de résoudre ses problèmes, qui sont la morphologie, la physiologie, la taxonomie (classification) et la phylogénèse ou filiation des espèces. Mais Zeiller oublie que, en dehors de la comparaison, il est nécessaire d'avoir recours à l'observation des traces, à l'analogie, à l'hypothèse, aux inférences indiciaires, à la déduction, à tous les procédés, en somme, qui constituent la méthode composée que nous avons développée sous le titre de reconstructive (v. Zeiller, Paléobotanique, in : *Méthode dans les sciences*, II , p. 132, 134, 138, 143, 148, 153, etc.).

On ne peut nier que le savant auteur, comme la généralité de ses collègues, emploient les règles de la méthode reconstructive avec assez d'exactitude et parviennent à des résultats positifs et certains. Mais cette utilisation instinctive et empirique est susceptible de se convertir en une application raisonnée et, par là même, plus sûre et plus fructueuse.

Nous ne persisterons pas, après ce qui vient d'être dit, à montrer de nouveau comment la méthode reconstructive est usitée par chacune des sciences qui forment le premier groupe. Mais nous ferons remarquer encore une fois que, chez beaucoup de ceux qui cultivent ces sciences, on peut observer quelque chose comme une intuition de la nature de la méthode qu'ils emploient, intuition qui se révèle par certains termes et certaines expressions dont ils se servent. Laissant donc de côté une démonstration systématique et détaillée, nous continuerons simplement à noter quelques faits intéressants et qui confirment l'exactitude de notre théorie.

V. — L'archéologie, comme le constate l'érudit Salomon Reinach dans sa discrète recherche sur la méthode de cette science, se propose d'expliquer l'antiquité en se servant des monuments figurés ou, pour employer la définition même de l'auteur, « d'expliquer le passé par les monuments que l'homme a produits ». Par conséquent, la première tâche de l'archéologue consiste à se procurer ces monuments qui souvent se trouvent ensevelis dans la terre. De là une série de préceptes tendant à ce que les opérations de recherche, réunion, etc., des traces ou restes archéologiques soient exécutées d'une façon adiéquate ; ces préceptes reproduisent point par point les indications que, dans des circonstances analogues, le Code de procédure dicte aux fonctionnaires chargés d'enquêter.

Ainsi les excavations ne doivent pas être faites sans soins, en omettant des précautions déterminées, mais par des travailleurs experts dirigés par des spécialistes. Elles n'ont pas proprement pour but de se procurer des objets de vitrine de plus ou moins de valeur matérielle ou artistique, mais des « documents » significatifs de l'histoire humaine et des phases successives de la civilisation. Il suit de là que les monuments et les lieux doivent être excavés et explorés avec minutie, et les monuments laissés sur place au besoin. Avant de remuer ou de transporter quoi que ce soit, il faut prendre toutes les données, dessins et vues photographiques, qui peuvent conférer aux objets le caractère d'un indice précis. Faute d'avoir pris ces mesures de précaution on ignore la provenance, « l'état civil » de nombreuses pièces archéologiques, ce qui diminue ou annule leur valeur documentaire. Il faut éviter de détruire ce qu'on pourrait appeler « les archives du sol ». Ainsi « l'excavation par couches des sédiments du Soma, des cavernes de l'âge du renne, des palafittes lacustres de Suisse a permis d'établir les principes de la succession des époques industrielles depuis les temps les plus reculés jusqu'à l'âge du fer. L'excavation par couches des débris accumulés sous l'Acropole d'Athènes a révélé la chronologie des céramiques grecques de la belle époque et prouvé que la fabrication des vases à figures rouges, dont on plaçait l'origine vers l'an 480, remontait en réalité au dernier quart du vi^e siècle » (Reinach, *in : Méthode dans les sciences*, II, p. 210 et suiv.).

L'état dans lequel sont trouvés les objets, le fait même de leur réunion ou de leur rapprochement sont des détails très importants auxquels on doit prêter une attention vigilante. Il faut toujours énumérer les objets qui se trouvent par groupes, car le groupement, quand il n'est pas fortuit, de même que la présence de personnes ou d'objets en un lieu déterminé, lorsqu'il s'agit de la preuve par indices, est à lui seul un indice, soit de la contemporanéité des objets groupés, soit de l'échange commercial entre peuples divers, etc. Écoutons à ce sujet l'auteur précité : « Soit une trouvaille d'objets usuels ou d'ornements faite dans un milieu homogène tel qu'une tombe, une cachette de fondeur, une couche bien déterminée d'une station lacustre. Ces objets ne seront pas tous nécessairement contemporains ; mais si on les trouve ensemble une,

deux, trois, quatre fois, il deviendra non seulement vraisemblable, mais même certain qu'ils appartiennent à la
même époque. On parviendra à éliminer les objets beaucoup plus anciens ou beaucoup plus récents d'une même
trouvaille par l'application de la même méthode ». (*Op.
cit.*, II, 212). Qui n'aperçoit dans l'opération ainsi décrite un
cas d'utilisation du principe de concordance ? A la lumière
de ce principe on est parvenu également à reconstituer en
plâtre les œuvres maîtresses de l'art hellénique dont on
possédait plusieurs copies. L'étude comparée des répliques
de ces œuvres et de leurs reproductions plus ou moins
fidèles exécutées à Rome durant l'époque impériale a
permis cette reconstitution, de même que, moyennant la
comparaison de multiples copies mutilées, interpolées ou
corrompues d'un texte littéraire, on arrive à rétablir l'ar-
chétype, le texte original.

En voilà assez pour se faire une idée précise de l'évidente similitude entre la méthode pratiquée en archéologie pour la reconstruction des choses et des faits du passé
et la théorie de la preuve en général. Il est bien clair que
toutes les deux sont de simples cas particuliers de la méthodologie reconstructive. Mais la ressemblance présente
encore un aspect original que nous voulons signaler avant
de clore ces considérations. La falsification des objets archéologiques a été exploitée avec un succès croissant dans
ces derniers temps, au point qu'on a réussi à tromper
jusqu'aux experts des grands musées de Berlin, Paris, etc. ;
à cette occasion des archéologues distingués ont saisi
l'opinion publique de l'inconvénient qu'il y a à divulguer
par quelles notions on peut distinguer les antiquités
authentiques des fausses qui pullulent de toutes parts.
Comme preuve de ce danger, Reinach cite le cas suivant.

Bayet révéla à un moment donné le caractère différentiel des terres cuites grecques fausses et des vraies. Il remarqua que les unes comme les autres apparaissaient pleines de terre, mais que dans la terre des vrais seulement on trouvait de petites racines. Peu de temps après cette révélation ingénue, le marché était inondé de terres cuites falsifiées contenant les petites racines caractéristiques, et le critérium, une fois connu, devint tout à fait inefficace. Des dangers analogues et qui se sont déjà traduits en faits concrets résultent de la vulgarisation des moyens et artifices de police employés dans l'investigation sur les faits criminels et dans la découverte des coupables. Ne serait-ce pas le cas de prohiber cette fâcheuse publicité, afin de ne pas laisser la société désarmée vis-à-vis des criminels qui commencent à utiliser ces connaissances pour tromper la police ?

En nous occupant de l'archéologie, nous avons abandonné le champ des sciences reconstructives strictement naturelles, comme la géologie ou la paléobotanique, pour pénétrer dans le domaine des sciences reconstructives de caractère moral ou psycho-social. Quoique cela ne figure pas dans la définition de Reinach — il y a là sans doute un oubli — c'est « le passé humain » et non simplement « le passé » que l'archéologie se propose « d'expliquer par les monuments ». Peut-être la formule de Reinach présente-t-elle encore un côté défectueux, en ce sens qu'il aurait dû indiquer que les monuments sont les éléments utilisés *en premier lieu ou principalement* par l'archéologue pour les opérations de reconstruction du passé, mais que ces moyens n'excluent pas et exigent, au contraire, le concours qui peut être fourni par tous les autres vestiges, toutes les autres *sources*, soit pour mieux connaître les monuments eux-mêmes, soit pour reconstituer les faits historiques, ce qui se fait presque toujours en combinant les diverses sortes de sources les unes avec les autres, ni plus ni moins que dans la pratique judiciaire les preuves simples s'entraident et se combinent entre elles pour produire la preuve composée.

VI. — Des considérations identiques ou analogues aux précédentes pourraient être formulées au sujet d'une autre science reconstructive de caractère psycho-social, celle que je me suis permis de baptiser du nom de paléoglossologie, et dont l'objet est de reconstruire les idiomes morts, ainsi que la mentalité, la sentimentalité et les coutumes des gens qui les parlaient, au moyen des restes philologiques qui, sous une forme ou sous une autre, graphique ou orale, sont parvenus jusqu'à nous. Les méthodes de reconstruction s'adaptent sans difficulté, quoiqu'avec les modifications voulues, au cas que nous traitons. Et pour combler les lacunes que l'étude des documents laisse dans l'histoire des langues, on a recours aux lumières de la grammaire comparée.

Le principe fondamental dont se sert cette science pour résoudre ses problèmes relatifs aux parentés linguistiques est exactement celui de concordance. Voyons comment l'expose Meillet : « Une concordance isolée de vocabulaire peut être l'effet du hasard. : Tout ensemble de concordances systématiques dans les formes grammaticales de deux langues prouve que ces deux langues sont des transformations d'une seule et même langue ; car, les formes n'ayant pas une relation nécessaire avec les choses, la présence d'un ensemble de formes concordantes dans deux langues distinctes est chose invraisemblable. Si l'italien, l'espagnol et le français n'étaient pas, du point de vue historique, une seule et même langue, à savoir le latin transformé de trois façons différentes, on ne s'expliquerait pas l'emploi des mots italiens *io, tu, egli*, des mots espagnols *yo, tu, el*, des mots français *je* (*yo* en vieux français), *tu, il*, pour le pronom singulier des trois personnes, ni toutes les coïncidences systématiques innombrables que présentent les trois idiomes » (*in : Méthode dans les Sciences*, II, p. 302 et suiv.).

Mais la grammaire historique est en soi impuissante à pousser ces investigations beaucoup au delà des textes écrits que l'on possède ; c'est l'opinion du savant que nous citons. Une nouvelle discipline, la linguistique historique générale, vient alors à son aide et lui fournit certaines lois qu'elle a su établir et auxquelles se trouve soumise l'évolution des idiomes. Ces lois phonétiques ne sont pas inflexibles, elles ne représentent qu'une probabilité, une tendance. Ainsi le passage d'un *t* à un *d*, et beaucoup d'autres cas.

Le savant professeur du Collège de France éclaire cela par l'exemple suivant : « On avait reconnu, il y a longtemps, que la forme latine *jumentum*, bête de charge, devait se fonder sur *iouksmentom* et non sur *ioukmentom*, car le latin classique *m* ne répond pas à un *km* préhistorique ; la découverte d'une inscription latine plus ancienne que toutes celles qu'on possédait, la pierre noire du forum, a fourni la forme archaïque postulée par les lois phonétiques » (Meillet, *op. cit.*, p. 306.)

VII. — Nous nous arrêterons ici dans notre essai de généralisation des principes généraux de la preuve à la méthodologie reconstructive. Nous n'essaierons pas d'appliquer notre théorie aux faits historiques de nature complexe (car les faits simples, particuliers, sont purement et

simplement des cas de la preuve par indices en général).
Nous n'adapterons pas la méthode à la reconstruction des
faits collectifs ou des faits généraux, de durée et d'étendue
considérable dans l'espace et dans le temps. La question
ne saurait être traitée à la légère et en deux ou trois pa-
ragraphes hâtifs à la fin d'un cours ; il faut la développer
dans une œuvre nouvelle ou, tout au moins, la résumer
dans un chapitre sur la méthodologie de l'histoire.

Chapitre ou livre, nous croyons sincèrement à la nou-
veauté et à l'utilité de ce travail et nous espérons l'entreprendre un jour.

TABLE DES MATIÈRES

Saint-Amand (Cher). — Imprimerie Bussière.

www.ingramcontent.com/pod-product-compliance
Lightning Source LLC
LaVergne TN
LVHW020641200726
843508LV00002B/635

9 782329 792989